NG裝潢
神救援

漂亮家居編輯部著

千金難買早知道的 100 道神解題，
貼心又舒服、機能性十足的居家全方位寶典

INDEX

PART 3　　餐廚

PART 4　臥房

PART 5　衛浴

PART 6

PART 7　　其他

PART 1

玄關

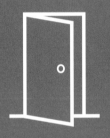

| 1 |

明明鞋櫃還有空間，但靴子卻收不進去，只能散落在地上，真礙眼，而且還會飄異味！

1
玄關

狀況分析	1 鞋櫃只有單一大小的收納空間，特殊尺寸的鞋款難收納
	2 鞋櫃門片沒做好通風，穿過的鞋子氣味難以散逸，形成異味

▶ 測量好收納各種鞋類的高度尺寸，或是將層板作為可彈性調整高度的設計。圖片提供_摩登雅舍設計

在訂作鞋櫃之前，要先清點自身的鞋款清單，再去測量各物品的長寬高，才能精準地做出符合需求的櫃子。而通常在訂製鞋櫃時，深度預留 40 公分即可，而高度依照每人的需求不同，應大約測量自身鞋子的高度，來評估櫃子需做多高才恰當。

神解！

想避免鞋櫃滋生異味，較常見的解決方式，是以百葉門片做大面積透氣設計：藉由透氣性絕佳的百葉門片，為鞋櫃帶來良好通風。將鞋櫃上下留通氣孔，或在櫃體內部多規劃一台抽風機，以增強鞋櫃透氣功能，也是設計師常用的手法。

◀ 收納鞋子的櫃體門片最好能有通風機能，才能保持鞋櫃內的空氣暢通，避免臭味。圖片提供 _ 摩登雅舍設計

| 2 | 冬天客人來時包包、外套堆滿沙發，能不能一進門就有地方收

😇 神解！

玄關櫃體在設計時就應將室內、室外出入時的種種需求量考量進去，例如進入室內時需要收納雨傘、雨衣及鞋帽，或是鑰匙擺放、客人進屋時外套、包包的暫放，甚至收信繳費時需要簡便的零錢、信件收納等，都是在規劃玄關櫃時需要一併考量進去的，一旦確定了所需收納的物件，就能設計出符合的尺寸，隨手擺放物件的收納動線順暢了，家裡才整齊。

1

增加層版數量，擴大收納空間。

增加層跨距可依 15 公分為基準來計算。

1 玄關櫃體收納不夠多元

收納空間不足導致客人進屋後不自覺將包包隨處擺放。

2 玄關沒有設計能懸掛外衣的空間

設計玄關時忽略了外衣、外套等需懸掛的暫放空間，造成無處放置。

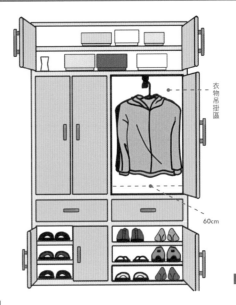

衣物吊掛區

60cm

2

1 增加層版數量，擴大收納空間

以鞋子為主的玄關櫃，需取剛剛好的層板跨距，以騰出多的空間收納其它雜物。層板跨距以一雙鞋子 15 公分的寬度為基準單位去規劃，例如想一排放進三雙鞋子，可設計約 45 ～ 50 公分寬，而鞋盒寬度多落在 15 ～ 18 公分左右，深度多為 45 公分。攝影_Yvonne

2 衣物收納改為正面吊掛

在玄關增加衣物吊掛空間，此類櫃體多會配合鞋櫃深度（40 公分）而改為正面吊掛方式，也使其面寬不能低於 60 公分，並注意絕對要與鞋櫃分隔門片，以防鞋子的臭味沾染到衣服上。插畫_吳季儒

NG

3

明明玄關就有櫃子，但安全帽和雨傘等雜物，還是散落滿地

神解！

雨傘、安全帽等這類出門才攜帶、進門隨手放的物件，收納點最好不要離大門太遠，出入時才方便取放。進門處的玄關櫃就應有多元的收納設計，而不是將雨傘、雨衣、安全帽等的收納設於屋內角落，如此進門就能順手將雜物歸位，百葉櫃門的設計則能將遮擋雜亂，且通風乾燥預防櫃內潮濕或異味。

▲ 可在櫃體的上下規劃透氣孔，搭配每日使用開闔換氣，讓櫃體保持清爽乾淨，也可避免異味。圖片提供 _ 摩登雅舍設計

狀況分析

1 安全帽和雨傘的收納處離玄關太遠

2 玄關櫃體只設計為鞋子的擺放，忽略出入時其它收納需要

若家裡玄關僅能放置鞋櫃，可在鞋櫃一側增加分隔出長傘的吊桿及短傘的掛鉤，並設計活動式的置物層板，可放置摺疊好的雨衣，及安全帽類的物品，活動層板則可依放置物品尺寸的需要來調整空間。

神解！

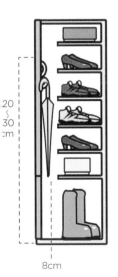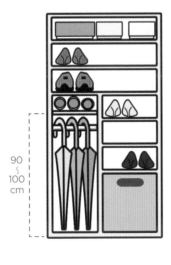

▲ 玄關櫃體的設計需要結合鞋子、雨衣雨傘、安全帽等雜物收納機能。插畫＿吳季儒

20～30cm

8cm

90～100cm

神救援：

安全帽和雨傘等雜物會散落四處，也可能是因鞋櫃空間不足造成，可將距離門口不遠的對講機、電箱等，設計成收納櫃，不僅包覆住這些設備，也同時彌補原本鞋櫃空間不足的問題。

| 4 |

買的現成玄關櫃才用三年就出現微笑曲線，難道玄關收納一定要用木作

神解！

▶ 複合式的玄關櫃設計不僅能避免層板負荷過重造成的微笑曲線，同時能更多元的收納出入門口時所需放置的物件。圖片提供＿德本迪室內設計

一般收納書籍或物品的層板為了能夠支撐重量，厚度大多會落在 4～6 公分左右，而鞋櫃內的層板則大多落在 2 公分，若跨距超過 120 公分，中間應加入支撐物，才能避免因負荷過重出現「微笑層板」的問題。一般來說，櫃體會因荷重而出現層板變形、彎曲的情況，大都與收納物的重量相關，較易發生在書櫃、櫥櫃方面。

1 鞋子的收納櫃層板過長，使用久了中間易
  產生凹陷
2 鞋櫃使用的材質不佳，以致因潮濕變質，
  發生櫃體層板變形

神解！

◀ 工業風格的鐵製櫃體作為鞋櫃，不僅有型有
款，鐵製材料堅固且網狀櫃門通風，符合鞋子
收納櫃的需求。圖片提供 _ 錡羽創意空間設計

鞋櫃、玄關櫃較需要注意材質是否耐潮，木作櫃的板材包括木心板、美
耐板等等，通常這兩種都較耐潮。木心板上下為 0.3 公分厚的合板，中
間為木心碎料壓製而成，具有不易變形的優點。美耐板多為木作櫃表面
使用，由牛皮紙等材質，經過含浸、烘乾、高溫高壓等加工步驟製成，
具有耐火、防潮、不怕高溫的特性，都是適合作為鞋櫃的材質。

NG

| 5 |

玄關櫃需要多元的收納機能，但在有限的空間中，鞋子衣帽根本不夠放

神解！

有限的空間中，想要提升出入口玄關的收納量，一般來說落地櫃體能比半腰身高的櫃體更能充分應用空間，針對坪數受限的情況，一物多用的櫃體如雙面櫃，坐椅臥榻下的矮櫃也可結合鞋子的收納機能。

▲ 落地櫃體能比半腰身高的櫃體更充分應用於空間中。圖片提供 _ 禾光設計

狀況分析

1 玄關處空間狹小，櫃體放置受限
2 玄關櫃體容量不足，鞋子衣帽只能散放形成混亂

另外一般鞋櫃的深度約為 32 ～ 35 公分，空間若能拉出 70 公分的深度，就可以考慮使用雙層滑櫃的方式提升容量，可充分連結入口及電視櫃的收納空間，也同時保持立面的齊整。

神解！

▲ 雙面櫃體的設計不僅可滿足公共空間的收納需求，也能提升玄關所需的收納空間。圖片提供 _ 構設計

家中玄關太長，
總是感到很有壓迫感

**狀況
分析**

1 因玄關狹長，導致採光不佳

玄關狹長導致室外採光不易到達，而使一進門感到陰暗。

2 玄關過長，行走起來很單調且有壓迫感

玄關過長的廊道，設計過於單調且加上兩側若都有櫃體，
會感覺壓迫感很重。

😇 **神解！**

一般來說，玄關大門打開，若長廊的長度超過 1.5 米，在比例上，玄關會讓人感覺太過狹長，因此可以利用玄關本身的格局，運用展示隔屏、側櫃或鏡子，以及採光設計，讓玄關氣氛更為舒適。

☑

1 善用透光性佳的屏風或格柵讓光源通透

有時感覺玄關狹小，跟採光不足有很大的關係。因此不妨將玄關的屏風改為視覺可以穿透的格柵式設計，或是透光性強的玻璃材質，讓光源得以進入玄關，搭配間接光源讓空間看起來不會太過局促。圖片提供＿采金房室內裝修設計

2 適度把玄關走廊的寬度做大或設計端景

跟玄關臨近的場域偷空間，將原本玄關的寬度加大約 10～20 公分，整體視覺效果就會變很多，同時一進門會顯得十分寬敞。另外設計端景，也會豐富空間表情。圖片提供＿大湖森林設計

3 玄關廊道採不同高低櫃體，解除壓迫感

長玄關的設計，會拿來做足收納，但過高的櫃體會讓玄關的壓迫感很重，不妨利用不同高度的高低櫃體設計，營造玄關動線的趣味感，也不容易造成走道的壓迫感。圖片提供＿大湖森林設計

1

2+3

 神救援：

加裝一面鏡子，空間大不同。萬一玄關已完工，還想放大玄關的空間感，鏡子材很好用，但切記不要將鏡子裝在正對進門處，容易嚇到人。

NG 2

從外頭進家門，門檻高低差的轉換有時會不舒服

神解！

基本上內外進出最好高低落差不要超過 5 公分左右，如此一來才不會造成視覺上及使用上的不便。最好的高度為 2 ～ 3 公分。遇到這種情況，可以架高地板拉平彼此的關係，或是運用落塵區的概念做內外的區隔。

1 超過 5 公分以上的落差,容易絆倒

進出總要抬腳,而且進出很容易跌倒或踢到。

2 落差在 5 公分以內,行走總覺得地不平

雖然門檻起伏不大,進出也不會不方便,
但總覺有個地方高起來。

1 拉平地板高度,讓進出玄關無差異化

高低差的問題可以利用架高地板解決,將玄關的地板拉齊,如此一來
就沒有容易跌倒或踢到的問題。同時也可以運用不同的地坪材質界定
玄關及室內區域。圖片提供 _ 采金房室內裝修設計

2 設計玄關落塵區,讓灰塵不進家門

若是高低差不超過 5 公分,在不影響開門的情況下,可以將降低地板
設計約 2 ~ 3 公分成外玄關的落塵區,方便在此更換鞋子或衣物。高
的地方則為內玄關,引領內入動線。 圖片提供 _ 采金房室內裝修設計

NG

| 3 |

玄關坪數有限且狹小，能使用的地方也很少

神解！

很多人為了加大公共空間，而犧牲掉玄關的機能十分可惜。玄關其實扮演著內外空間的過度角色，所以好好規劃玄關，不僅能讓家依然顯得寬敞，生活也能變得從容又便利，尤其是收納。

1 櫃體向旁發展，不佔玄關空間

讓玄關櫃不一定要放在玄關，就近即可，例如通往陽台的走道，或是與餐廚櫃共同等等，把玄關的空間釋放出來，便不會感覺到壓迫或狹小。圖片提供 _ 采金房室內裝修設計

2 複合式牆櫃＋反射門板材質，放大空間視覺

若玄關真的過小，其實可以跟其他空間「偷」一點來使用，例如將玄關櫃體與餐廳的餐廚櫃設計成雙面櫃的複合式牆櫃，將化收納於無形。同時在櫃體面材或玄關側邊運用反射材質搭配，或鏡面反射，也可以拉大玄關的視覺效果及反射採光。圖片提供 _ 大湖森林設計

3 多功鞋櫃將機能整合

玄關主要的收納就是鞋櫃，若玄關真的太小，不妨可以將所有機能整合在玄關櫃體內，例如下方設計隱藏穿鞋椅，需要時拉出使用，平時則放入隱藏，椅子高度會略低於一般沙發的 40 ～ 45 公分，落在 38 公分左右。 圖片提供 _ 天涵設計

狀況分析

1 玄關很小，連鞋櫃都沒地方放

在空間裡硬是要運用屏風或格柵擠出個小玄關，導致缺少鞋櫃等收納的地方。

2 放入鞋櫃後，感覺更壓迫

若是放入 30 公分深的鞋櫃，卻使玄關空間更顯局促。

38
cm

裝潢後發現有穿堂煞的風水疑慮，讓人好不心安。

神解！

一般公寓因為出入大門有陽台，因此取代穿堂煞問題，但現在的華廈或電梯大樓，因為建築格局關係，多半一進門即面對客廳或廚房，而有風水上疑慮，尤其是沒有陽台的空間，玄關就被稱為外明堂，影響財運和事業運，在不大動格局的情況下，這時不妨可以利用屏風或功能性櫥櫃隔斷，化解煞氣。

1 在玄關與客廳間設置屏風，阻隔煞氣影響

想要處理穿堂煞風水問題，最簡單的方式就是直接在玄關與客廳之間，做一屏風阻隔，屏風的形式很多，可以運用實牆加端景設計，或是怕影響採光，而將屏風改為透光材質的半透明玻璃設計均可。圖片提供＿采金房室內裝修設計

2 可旋轉屏風遮擋門窗，化解煞氣

但有時顧及一旦做了屏風或玄關櫃體實牆，反而讓玄關看起來更為昏暗，而失去明堂的效果，因此不妨利用可旋轉的屏風格柵，視情況讓採光得以進入室內，也不會阻礙室內的空氣流動。圖片提供＿樂沐制作

狀況分析

1 入門即見落地門窗，有穿堂煞問題

其實一進門即見客廳的落地門窗是否為穿堂煞，一直有爭議，但為了保險起見，仍是建議做一隔屏，來化解穿堂煞問題。

2 一進門看見客廳雜亂，讓人毫無隱私

若玄關無阻擋，容易讓來訪的客人，一進門即將家裡的公共空間格局及擺設看光光，讓人覺得無隱私。

神救援： 活動性布簾，擋煞又保採光及通風。若是整體空間有限的小坪數，不妨利用活動性布簾調整，一方面讓採光得以進入室內，也可以讓穿堂煞的強風迴旋轉向，減緩在室內流動速度。

NG

|5| 因為格局問題，導致玄關產生一些畸零空間該怎麼辦

神解！

玄關已經夠小了，但因為規劃時使得這裡出現畸零地，最好視情況，例如不影響通風及光源、動線，規劃櫥櫃來增加使用空間。

1 門後櫥櫃以不影響大門打開的旋轉半徑為主

運用大門後的畸零空間，必須考量門片的旋轉半徑問題，一般玄關門的寬度多為 100 ～ 110 公分左右，因此櫃體最好往後縮，中間要有 10 ～ 20 公分，方便兩邊門不會相撞的問題。

2 利用櫃子修補畸零空間

善用玄關櫃體修齊空間畸零角落是設計師常用的手法，若空間深度超過 20 ～ 30 公分，即可設計輕薄型的收納櫥櫃，一來可以修掉壓樑問題，也可以增加空間收納，可說一舉多得。 圖片提供_天涵設計

狀況分析

1 大門後樑柱下方的畸零空間
畸零空間集中在大門後方的樑柱下方，沒有使用感覺很可惜。

2 因玄關不良格局的畸零地
有的是因為玄關本身非方正格局，使角落出現三角形或不規則的畸零地。

1+2

NG

|1|

玄關因為把外面灰塵帶進家中，容易髒亂，而且一直掃不停

神解！

做為室內及室外進出空間的轉圜角色，玄關較其他空間的確容易「惹塵埃」。尤其是遇到天氣不好時，玄關很容易會有潮濕物進入，而使得地板或櫃體濕濕髒髒的，不易清理，因此在規劃玄關時不妨選用容易清理的材質。

1

1 玄關外面灰塵帶入室內，家裡易髒亂

在外面奔波，身上有許多灰塵或不經易沾到的污泥，因此界在內外交接的玄關便扮演重要的清理角色。

2 遇到下雨天，有外來的泥巴及水漬難處理

身上的雨傘、濕鞋子及衣物容易讓家裡進門處濕淋淋的。

1 設計玄關的落塵區域

一般可以利用大門門板的旋轉半徑範圍設計為玄關的落塵區域，讓人將身上的灰塵及髒污、濕衣物，在此先處理，不帶入室內造成更大的髒亂。圖片提供 _ 采金房室內裝修設計

2 善用易清理材質及色彩界定玄關

為了方便打掃及視覺界定，可以利用容易清理的板岩磚或木紋磚等，不易吸水但同時也容易清理的地坪材質，做為玄關地板，並運用不同顏色的建材，與室內空間地坪做一區隔。 圖片提供 _ 采金房室內裝修設計

戶外的採光無法到達玄關，玄關總是好陰暗

狀況分析

1 櫃體太多，導致光源及通風無法進入

櫃體做太多，阻擋光源進入玄關，使玄關呈現陰暗感，且容易伴隨潮濕的不佳味道。

2 玄關的格局過長

玄關本身格局不佳，不是角落就是玄關過長，導致採光通風無法到達。

神解！

因為格局規劃，玄關很可能因為其他空間阻隔光源進入，例如廚房或餐廳，或是狹長玄關所造成的採光不佳問題，這時不妨可以利用一些設計手法，讓玄關展現明亮感。

1 櫃體或屏風不做實，保留上方或下方通氣

不將玄關櫃體或屏風做實，保留一些地方讓客餐廳的通風可以進來。再搭配反射材質做鞋櫃櫃體門片，搭配鏡面的安置，讓採光得以反射進入。

2 將玄關櫃與其他空間結合，向其他地方借光

玄關櫃體不一定要緊跟著玄關，有時跟別的空間借一點，讓櫃體可以跟其他櫃體結合，例如玄關櫃向左或右發展跟電視櫃結合；又如鞋櫃與餐廚櫃結合成短隔間櫃等等，將玄關櫃體縮小，並讓其他地方的光源得以進入。圖片提供_采金房室內裝修設計

3 把玄關端景做出來，拉大玄關空間

有時玄關的深度不夠，僅利用格柵做一進門的區隔，就能把視覺拉到公共空間的廊道端景設計，將玄關格局拉大，分為內外玄關。圖片提供_采金房室內裝修設計

PART 2

客廳

NG

☑ 收納機能不後悔

| 1 |

家裡的視聽設備多，有櫃體不透氣且線路容易過熱的疑慮

> 我覺得線路太多了欸...會不會過熱啊？

> 好像是，我感覺下方字幕都看不到耶...

狀況分析

1 **電視櫃或視聽櫃太過於封閉**

櫃體設計封閉，很可能造成線路過熱的問題。

2 **視聽設備的收納空間不足**

收納空間小，讓電線太多都纏繞在一起。

許多的視聽設備收納櫃都設計為門片收納，好處是美觀不雜亂，然而容易有機體散熱問題，鏤空的格柵門片是不錯的處理方式。如果擔心視聽設備沾灰塵，也可設計能收進兩側的隱藏式門片，同時兼具展示與好清潔的功能。

1 在背板或側板開孔，做為通風循環之用

通常視聽櫃以木作為主，內部尺寸需要比設備大一些，讓上下左右都有透氣及散熱的空間。若考量散熱效果，開放的層板會比櫃子來得好，像是專門放設備的機台櫃，就可以使用開放式層架的方式設計，更利於散熱。圖片提供_大湖森林設計

2 單一半腰牆面式的電視櫃體

可將櫃體設計化零散為完整，底下有開放式收納框能收納家電，更能順勢區隔書房與客廳的空間。圖片提供_明代室內設計

NG

2

影音、遊戲機設備好多，
覺得既不整齊又不美觀

神解！

▶ 電視側邊以玻璃取代門片更便於機體遙控操作，下端灰玻的設計則能有效削減整體落地牆帶來的壓迫感。圖片提供 _ 禾光設計

以電視牆的設計來隱藏線材，可以避免雜亂的線材裸露，電視牆可以設計成旋轉式的兩面用隔間牆，作為空間切割線，牆面中間還可放置 CD、DVD，隨時拿即可享受影音娛樂，賦予機能性更大的使用彈性。也可將客廳電視櫃以懸空的櫃體包覆，能化繁為簡讓電視牆端景變得純粹。

狀況分析

1 連結電視機的設備有不少電線插座設備，視覺上看起來好凌亂

2 影音設備的增多，電視櫃收納不敷使用形成難以收納的問題

神解！

想讓外露的雜亂線路藏起來，可設計線槽讓管線隱藏於其中，在視聽櫃裡的管線，則可選擇有色玻璃做為門片材質，以便遮掩管線，但其實也不一定非要藏起來，才叫收納，如果選擇好看一點的管線，再將電線收捲整齊，外露也可以是很美觀的客廳風景。

◀ 視需要設計各式明櫃與暗櫃及抽屜櫃，就能有更彈性的收納，同時亦能成為有趣的客廳端景。圖片提供＿禾光設計

NG

| 3 |

電視週邊物件 CD、DVD 等，總是塞滿了櫃子，看起來很凌亂

神解！

▶ 將電視週邊影音物件事先規劃好，再與設計師作討論，才能完善為自己量身打造最適合的收納空間。
插畫 _ 張小倫

　　想將電視週邊的收納規劃得好收又好看，首先得先了解你的收納物尺寸，以一般 CD、DVD 或是藍光 DVD 等，基本深度都差不多約為 11.5 公分。因此在櫃子深度上，以一張 CD 加上 1～2 公分的深度（約 13.5 公分）來規劃，高度上則選用可彈性調整的活動層板，就能收納特殊尺寸的包裝版本。

1 收納沒做好，CD、DVD、特殊包裝等的
  影碟物件很凌亂
2 設計了電視牆但收納空間感覺沒有變多

隨著液晶電視愈做愈薄，僅需 6 公分厚的懸掛式電視牆，漸漸取代舊有電視櫃的功能，轉為一道簡單的層板或是結合影音器材櫃的規劃；這類櫃體高度多會建議設計離地約 45 公分左右為最佳，深度則以影音器材櫃的 60 公分為主。

神解！

2
客
廳

◀ 依尺寸作好的收納層架也能成為客廳中流暢的端景。電視下方則為茶几板凳收納之用，更省空間。圖片提供 _ 欣琦翊設計

NG

| 4 |

想提高客廳的使用坪效，卻在做了隱藏收納後發現，這些設計很不實用

神解！

▶ 落地窗邊的上掀式收納櫃體為避免影響機能，上方僅作為坐臥使用。 圖片提供 _ 明代室內設計

　　無論是有形還是隱形的收納櫃體，在設計時都要考量使用時是否與其它傢具相衝突，特別是客廳落地窗下方坐榻，常為收納需要設計了上掀式的櫃門，或其它區域的抽屜式收納，皆需考量抽軌五金的長度限制，通常 50 ～ 60 公分為佳，也需保持前方或上方有與門片長度相當的開闔空間，不要在櫃門上方、前方堆積了物品而降低了實際使用的便利性。

1 落地窗下方的坐榻，設計上掀式的櫃門，
尺寸不對影響了機能
2 客廳的隱藏收納區很多，但都閒置沒使用

屋主常為了提升坪效而將客廳塞滿各種收納
機能，最後反而成了少用的多餘設計；讓空
間單純，將收納集中特定區域，回歸客廳公
用空間的娛樂機能，生活品質會加的舒適，
且動線也更為順暢。

神解！

◀ 設計隱形收納
時需要考量到實
際使用的需求和
便利。圖片提供
_欣琦翊設計

NG

| 5 | 想放在客廳的展示品、收藏品好多，怎麼規劃才不會看起來凌亂又美觀？

神解！

▶ 利用時尚的大理石紋理作為背景襯托，加上香檳色的鍍鈦、柔和光帶，能運用櫃體創造風格。圖片提供 _KCdesign Studio 均漢設計

公共空間中，若要放置能同時身兼收納和展示功能的開放式收納櫃，通常考量到收納物品種類不一、外型大小不一，規劃上並沒有一定的尺寸。另外依據居住者的身高，以及客廳空間和櫃體的比例，就能抓出最適度的展示收納形式。但是為了達到展示需求，此類櫃體的深度多不會超過45 公分，若只是單純的展示櫃，甚至可做到 30 公分以下就好了。

神解！

狀況分析

全家人經常有各自想展示的物品，往往容易產生凌亂感。

▲ 要避免展示物未經規劃的放置客廳，容易成為客廳端景的「亂源」。圖片提供 _KCdesign Studio 均漢設計

為了方便拿取物品，建議內部層板的高度要比展示品高個 4 ～ 5 公分左右，若使用層板，兩側的櫃板可打洞，方便隨時變換高度。用可調整式的層架設計，讓展示收納有了更多的變化彈性，屋主可自由決定展示牆的高度和間距，就算大小、距離不一也能創造錯落有致的 Lifestyle。

NG 1

買到小坪數的房子，出現挑高夾層的格局，感覺家裡好小

狀況分析	1 **空間使用不夠** 夾層中間卡一個樓梯，讓空間使用不足。
	2 **覺得收納空間不足** 必須保留挑高空間，收納地方反而有限。

神解！

樓高超過三米六以上即為「挑高」住宅，且挑高樓層更不得超過四米二，但能施作夾層的，必須是查看「建物登記謄本」、「使用執照」以及「竣工圖」，有標示「夾層」字樣才是合法夾層。而且施作夾層不得超過樓地板面積的三分之一。所以並不是所有的挑高都可以做夾層，請注意！因此這裡以合法的夾層住宅來討論。

1 善用通透材質反射光線及放大空間

其次想要營造小空間大格局的感覺，在設計上少格間，多利用通透設計處理，讓視野能穿透。在選材上建議使用反射材質拉大空間感。圖片提供_采金房室內裝修設計

2 輕量化樓梯＋挑空，創造空間機能

由於法源規定夾層不能超過樓地板的三分之一，為保留空間的採光及通風，一般會將挑高留在採光面，而另一面無採光的地方規劃夾層。並以樓梯位置動主軸規劃空間彼此對應關係，且夾層多為私密空間，如主臥。圖片提供_大湖森林設計

3 魔術方塊的垂直水平手法集中做足收納

善用垂直手法規劃空間動線及格局，等動線格局確認後，再利用水平方式將機能一一考量進去。以收納機能來說，像是沿牆面或樓梯做收納都是常見的手法。圖片提供_采金房室內裝修設計

1+3

2

2

NG

| 2 |

客廳太擠又太小，
客人來家裡卻沒地方坐

神解！

即使居住在寸土寸金的都會，在有限的空間裡仍想要創造親朋好友來家裡互動的感覺，因此要怎麼規劃才適當，將公共空間採開放式設計及多功機能設計就可以解決這類問題。

1 公共空間採開放式設計

空間有限的情況下，建議最好少隔間，利用開放式設計將公共區域打開，運用架高地坪變化做空間界定，必要時也能充當坐臥區。圖片提供＿大湖森林設計

2 善用彈性隔間，機能多變

利用客廳與書房，或客廳與和室等空間規劃，搭配拉門等彈性隔間，讓空間使用更有彈性，容納更多客人。圖片提供＿采金房室內裝修設計

3 臨窗臥榻式設計坐臥兼收納

善用客廳落地窗景的位置，設計高約 45 公分的臥榻區，成為孩子或客人多時的座位，下方還可以做為收納使用。圖片提供＿采金房室內裝修設計

1 **客廳太狹小，多一點客人會擁擠**
因為坪數小，客廳 2 ～ 3 個人坐剛剛好，
再多一點人就沒法容納。

2 **招待客人的桌椅不足，只能坐地上**
有客人來時，因為座椅有限，讓人只能擇地
就坐很沒禮貌。

| 1 |

客廳的桌椅坐起來超不舒服，傢具比例和選擇有困難

> 沙發太軟了啦，都快陷下去了...

> 傢具比例怎麼看起來怪怪的？

狀況分析	
	1 沙發椅坐起來不舒服 沙發高低不平均，導致頸子酸，讓人無法輕鬆觀看電視。
	2 沙發尺寸選擇錯誤，讓客廳看起來很擁擠 沙發的尺寸過大擋到路，但過小卻讓客廳空了一角。

神解！

客廳是一般人回家放鬆的空間，同時也是待客空間，因此在客廳的傢具尺度合不合適就成為很重要的規劃重點，因為過大的傢具，會阻礙動線，也會讓客廳看起來變得更小；但過小的傢具，又會讓客廳看起來太過乏味。

1 應計算電視最佳視覺高度和距離

由於人看電視時多半是坐著的，因此想要選擇舒適的沙發坐椅高度，應搭配計算觀賞電視的最佳視覺高度和距離。以一般人坐著時高度約為 110～115 公分，以此高度向下約 45 度角則可抓出電視的中心點，也就是電視中心點約在離地 80 公分左右的高度架設最適宜。因此若選擇日式的低矮度沙發，則電視中心點會更低。圖片提供_采金房室內裝修設計

2 主牆面與沙發的比例拿捏

發通常會依著客廳主牆而立，無論這個主牆是實牆或是半高的櫥櫃設計。一般主牆面寬多落在 4～5 公尺之間，最好不要小於 3 公尺，而對應的沙發與茶几相加總寬則可抓在主牆的 3/4 寬，也就是 4 公尺主牆可選擇約 2.5 公尺的沙發與 50 公分的邊几搭配使用。 圖片提供_大湖森林設計

1

2

| 2 | 沙發及茶几位置擺設奇怪，走路容易撞到

神解！

客廳與茶几的關係密不可分，但往往很多人忽視這關係，而在更換沙發後，老是被茶几撞到，或是不要茶几後，卻發現電視及冷氣遙控器沒地方放置的問題。

1

狀況分析

1 **客廳裡的茶几尺寸不合人體工學**
茶几太大，很容易撞到腳或膝蓋。

2 **茶几高度太高，感覺有壓迫感**
茶几太矮，拿東西要彎腰很不方便，但太高又感覺在教室上課，看電視也不方便。

☑ 1 茶几高度隨著沙發而定

茶几高度多落在 30 ～ 40 公分左右，選擇時要考慮與沙發作互動，比如若沙發較低者則茶几也要跟著選較低的，反之較高沙發就可搭配較高的茶几，讓拿取時更舒適。另外，選擇有抽屜的茶几在收納桌面的遙控器或報章雜誌時，會比較便利。 圖片提供 _ 大湖森林設計

2 沙發、茶几和電視間的最佳距離

茶几者需與沙發之間保留至少約 30 公分以上的距離，一來方便取物，二來也便於走動。至於茶几與電視間距也是動線，則要有 75 ～ 120 公分以上寬度，讓人可以輕鬆穿梭走動，及蹲下處理電視櫃的機台操作。圖片提供 _ 采金房室內裝修設計

神救援：

小坪數住宅可考慮捨棄大茶几擺設，改以邊几取代置物功能，這樣可保留更暢通的動線。

NG | 3 |

客廳的沙發顏色和牆壁很不搭，
好難找到適合家裡的沙發

神解！

空間裝潢設計好，但只要一擺入從舊家搬過來的舊沙發，或自己採購的沙發，便覺得格格不入的感覺，在風格設置的選擇上，到底哪裡出問題。

1 選擇與空間風格一致的沙發形式

　　想要挑選沙發不出錯，最簡單的方式就是挑選與空間融合的風格形式，例如現代風格的空間規劃，則沙發挑選線條簡潔的形式；若空間是鄉村風，花布類沙發會比較適合；古典奢華風格，則搭配有線板曲線的沙發。圖片提供 _ 大湖森林設計

2 挑選與主牆相似色的沙發

　　配色方面，就是運用與主牆相似色的沙發去挑選，絕對不會錯。依色彩心理學，把顏色分為暖色調：如紅、橙、黃；冷色調，如青、藍，和中性色調：紫、綠、黑、灰、白等，彼此搭配都有好效果，而且選擇亮度較高的沙發會帶給空間明亮感。 圖片提供 _ 采金房室內裝修設計

1 舊沙發跟整體空規劃格格不入

買了一年多的沙發，尺寸也對，但看起來跟
空間格格不入。

2 搭配深色或黑色沙發讓空間變得好暗

考量清理方便所以挑選深色的沙發，但發現
讓原本全新裝潢都失了色彩。

NG

1

客廳掛了一個大型水晶吊燈，覺得漂亮但好難清理

神解！

會在家裡放置水晶吊燈，表示希望能讓家裡看起來更為氣派優雅，所以在平日清潔保養上更不容馬虎，除了讓專家協助處理外，自己清洗也要謹慎準備專用工具。

1 請專家協助處理

大型水晶吊燈，適合在挑高及大坪數空間裡呈現，因此每年都請專人來保養一次，以保持水晶吊燈的美感及燈光的亮度，費用不便宜。但居家用的水晶吊燈，體積較小，可以請專人來家裡卸下送回去清洗，價位大約新台幣1000～3000元之間，要根據清潔公司到場評估而定。圖片提供_采金房室內裝修設計

2 自己清洗專業工具多

如果想要自己清洗也可以，要準備的工具有：手套、梯子、清水、軟毛刷子、水晶燈專用清潔劑。千萬不要用洗潔精等具有腐蝕性的液體清洗，以免損傷電鍍外膜。水晶珠串清洗完畢後，一定要用乾布擦乾才能掛上，並全程要用不沾毛的手套處理，以及將指紋和汗漬印上水晶上，影響燈光折射效果。 圖片提供_采金房室內裝修設計

2
客廳

狀況分析

1 **水晶吊燈使用久了，沾染了灰塵污漬**
由於吊燈上有許多水晶掛墜，清理起來耗時費神，可能還有角落清潔不到，且擔心會打破。

2 **若不清水晶吊燈，久了家裡的照明都暗暗的**
水晶吊燈一旦藏污納垢，不但影響水晶吊燈自身的美感，還會減弱水晶吊燈具的折光率。

NG

|2|

客廳地毯保暖又能防刮，但擔心吃東西時潑到醬料要重換，想到就心煩

神解！

一張好地毯能為空間帶來不同氣氛。但由於市面上地毯的種類很多，主要分為羊毛及尼龍材質。以設計師的經驗法則建議，地毯的預算相當於該空間的沙發預算，而最明智的做法，是找到負擔得起的預算裡，能提供最好品質的商品。

1 選擇大圖案放大客廳視覺效果

盡量以同色系做配色，將顏色融入空間，同時可考慮素色的緹花地毯且盡可能用大圖案，選擇大圖案可增加空間視覺放大的效果，若選用小圖案，反而會讓空間有壓迫感。圖片提供_明代室內設計

2 依地板與沙發的色調選地毯

一般來說，選擇較淺或暖色調的地毯，可使空間明亮。若與木地板做搭配，暖色調地毯的確能帶來客廳的舒適與放鬆感。若是搭配淺色的拋光石英磚，則建議將地毯顏色稍微加重，以突顯局部範圍成為亮點。圖片提供_明代室內設計

3 最好每年請專業地毯清洗公司保養

委託專業的清洗地毯公司很重要，用對方法清洗可讓地毯使用年限拉長且維持地毯的特色。一般住宅定期保養約 1～2 次／年即可。尤其是大面積且固定式的地毯，或是高價位的波斯純羊毛地毯等等。圖片提供_采金房室內裝修設計

狀況分析

1 **地毯不清楚要全面鋪設還是局部就好**

  不清楚需求是什麼，什麼樣的地毯會比較適合搭配在居家空間中。

2 **地毯事後的保養感覺很難**

  地毯保養只要每天使用吸塵器就可以了嗎，潑到醬料該怎麼辦。

1+2

3

神救援：

若遇到像飲料弄髒的水溶性污漬，可先用乾布吸乾殘留水分；然後再用擰乾的毛巾按壓幾次，再用抹布沾一點清潔劑擦拭，並以清水毛巾重複擦拭。

2
客廳

NG

|3|

客廳地板用了大理石裝潢，霸氣又有質感，但保養感覺好辛苦

神解！

大理石的紋路天然，且顏色也多樣，因此選色時必須注意是否能與空間風格搭配。且好的大理石材，一定要請師傅做定期保養，尤其是石材防護，大約2～3年做一次，內容包括處理刮傷、打磨及美容，讓大理石地板永保光亮。

1 選色也選呈現圖案，讓地坪變化

除了選擇單種石材鋪設，不同的水刀拼花技術，也能拼出各種有趣的圖案，讓人在預算有限的情況下，也可只局部使用大理石，創造出奢華的質感。尤其是圖案的呈現可帶來強烈的視覺效果，運用在玄關可以帶來深刻的印象，其他如滾邊設計，也讓地坪更具變化。圖片提供_大湖森林設計

2 選擇硬度高，則保養成本低的產品

雖然大理石的質感好，但在居家的使用上確有其缺點，天然石材存在的孔隙與節理造成吸水率。雖然大理石的質感好，但在居家的使用上確有其缺點，天然石材存在的孔隙與節理造成吸水率高和硬度低，容易劃傷不耐磨等問題，因此若選用大理石，得有心理準備在保養上得多下功夫。圖片提供_大湖森林設計

1 **不知大理石怎麼選，才會符合居家風格**
客廳在電視牆使用大理石，能夠讓空間的質
感馬上提升，怎麼選對地板的風格。

2 **材質容易劃傷不耐磨**
清潔保養感覺好辛苦，在保養上很讓人苦惱。

NG

1

室內長期不通風，種了些盆栽植物但發現會生蚊蟲

<table>
<tr>
<td rowspan="4">狀
況
分
析</td>
<td>1 種在家裡的植物會招來蚊蟲</td>
</tr>
<tr>
<td>花香的味道太濃厚，招來了許多蚊蟲。</td>
</tr>
<tr>
<td>2 家裡不通風沒陽光，植栽很容易死掉</td>
</tr>
<tr>
<td>選擇了錯誤的植栽，導致不容易養活植栽。</td>
</tr>
</table>

神解！

並不是所有的植栽都可以種植在室內，因為任何植物都必須要有陽光、空氣及水才能生長好，而且近年來證明種植在室內的某些綠色植栽，能有淨化空氣作用。

1 選擇蘭科植物調節空氣品質

君子蘭及吊蘭，前者可以釋放 80% 的氧氣，後者可以吸收空氣中的有毒有害氣體，如一氧化碳和甲醛，分解苯，吸收香菸煙霧中的尼古丁等有害物質。尤其這類蘭科植物，只要用含腐殖質豐富的土壤，要經常注意盆土乾濕情況，出現半乾就要澆一次，在室內很好養。圖片提供 _ST Design Studio

2 蘆薈、橡皮樹、萬年青、常春藤等淨化居室環境有幫助

可吸收甲醛、二氧化碳、一氧化碳等有害物質，尤其對甲醛吸收特別強，還能處理空氣中的有害微生物，吸附灰塵，對淨化居室環境有很大作用。圖片提供 _ST Design Studio

1+2

NG

|2|

屋子狹長，只有頭尾兩側採光而客廳陰暗，採光很困擾

神解！

屋型狹長的情況，多發生在老舊公寓，及連合式的透天厝，面對這種只有單側或頭尾兩側採光的情況，藉由空間的重新規劃，讓居家能更明亮。

1 打開天井，將光源由餐廳引入客廳

將客廳移到一入門的中央位置，並將餐廳及廚房開放式設計，並將原本被封閉的天井打開，讓光源得以進入餐廳，引入客廳。圖片提供＿采金房室內裝修設計

2 內縮陽台＋玻璃拉門，引光入室

書房移至狹長屋的最前面，並將門及窗留採光窗，讓光進入。內縮一陽台，並採玻璃隔門，讓光源進入客廳。圖片提供＿采金房室內裝修設計

狀況分析

1 空間太小，機能屬性不佳
由於格局不方正，加上有公寓樓梯阻隔，讓空間被分割，機能無法發揮應用。

2 空間過於狹長，中後段太陰暗
空間狹長使得房屋陰暗，同時格局難以配置。

NG | 3 |

我家西曬，雖然每天很亮卻也很熱，很苦惱

神解！

西曬是很多住宅問題，尤其是到了夏天更是難以忍受。若在不動格局的情況下，建議可以運用導風皮及百葉窗、窗簾解決西曬問題。

1

狀況分析

1 **東西曬問題**

因為建築方位,空間有東西曬問題,但又不能完全隔斷窗景及通風。

2 **西曬使空間炎熱難耐**

尤其是客廳,到了下午西曬,整個空間的溫度升高,每天空調費用高漲。

1 **利用推窗做導風板**

將鋁門窗改為橫式推拉窗,並且至少要有 1/2 面積可開,整個可外推的窗子更好,因為外推型的窗還有引風進屋的功能。圖片提供＿采金房室內裝修設計

2 **將西曬面加百葉窗,隔絕紫外線**

由於西曬的陽光較強,不但有熱傳導,更有光幅射問題,因此可以利用白色百葉窗做阻隔。改用折疊百葉窗,可以視情況將觀景窗全面打開賞景。圖片提供＿大湖森林設計

3 **東曬則利用紗簾將太陽光線柔化**

東曬因陽光光線較弱,因此用紗簾,將太陽光線轉化,進入室內才不會太過刺亮,也可為空間帶來柔和感。圖片提供＿大湖森林設計

2+3

2

客廳

NG

4

我家是透天厝,想讓自然光在空間漫射,開窗設計要怎麼更舒適

神解!

最好的光源其實就是自然光,因此如何透過設計,讓自然光源引導入室,讓每個空間都呈現明亮舒適感。

1

狀況分析

1 **四周都是高樓大廈遮到我家，讓陽光進不來**

住在低樓層，除非四周無建築與鄰棟相距遙遠，否則容易光線被阻擋，室內顯得陰暗。

2 **想開窗或加大窗戶增加光線**

公寓大樓開窗在外牆須透過管委會及全體住戶同意。透天厝來說，只要符合建築法規並提出申請，另外開窗不能開在剪力牆上。

1 **淺色材質導射光源進入室內**

使用淺色材質讓光線得以折射後進入室內。另外也可在採光充足處裝設淺色材質的百葉窗充當導光板，引入較多光線。圖片提供_大湖森林設計

2 **利用天井增加採光**

因為是透天厝，可以開天井照亮暗處，會比地平線的光線明亮許多。而且天井設計得宜，還可以改善通風效果。圖片提供_采金房室內裝修設計

3 **加大室內窗戶引光入室**

可以利用室內加開窗戶，從外面引光入室，例如從後陽台與餐廳的牆面加開窗戶，以對稱方式呈現，讓光源從餐廳進入客廳。圖片提供_采金房室內裝修設計

NG

| 5 |

裝潢後客廳屋內通風還是很差，不能動格局該怎麼辦

神解！

機器通風的主要目的及作用，就是達成室內與室外的空氣交流，因此除了全熱交換機外，還有抽風扇及換氣機可以選擇。

1+2

裝潢後發現空間還是不通風

想用機器設備解決，但不知何種機器適合。

1 全熱交換機維持空氣品質，並調節內外溫差

主要以懸吊方式安裝於室內空間中央，配合風管與配件至每個房間，價格約三萬至十幾萬不等，視機型大小而定，必須搭配在裝潢施工中時施作。圖片提供 _ 采金房室內裝修設計

2 換氣機安裝簡單，可融於居家裝潢中

市售有直立式及橫向式，多半設置於空氣流通良好的對外窗邊，窗戶再搭配機型進行切割或調整。市售大約台幣四萬元左右，安裝簡單，且造型流線易融合在空間裡，像是傳統的箱型空調。圖片提供 _ 采金房室內裝修設計

3 抽風機價格便宜實惠

選定需要通風的空間，將抽風機安裝在對外窗後固定即可。價格大約幾百元至數千元，視機種及品牌而定。圖片提供 _ 采金房室內裝修設計

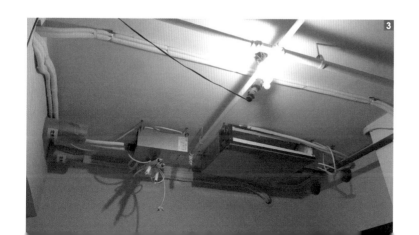

PART 3

餐　　廚

NG

☑ 收納機能不後悔

|1|

廚房雜亂，
鍋碗瓢盆總是散落四處好困擾

状況 分析	1 收納設計有問題，讓人使用不順手 未設計在使用動線上，拿取廚具不方便。 2 櫃體多但收納不確實，讓鍋具四處擺放的亂象 沒有根據使用習慣、頻率及廚房格局設計鍋具收納。

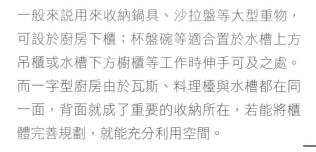

神解！

一般來說用來收納鍋具、沙拉盤等大型重物，可設於廚房下櫃；杯盤碗等適合置於水槽上方吊櫃或水槽下方櫥櫃等工作時伸手可及之處。而一字型廚房由於瓦斯、料理檯與水槽都在同一面，背面就成了重要的收納所在，若能將櫃體完善規劃，就能充分利用空間。

1 依下廚時的動線來設計廚具的擺放位置

為了方便水槽、料理工作檯面使用的便利性，多會配合檯面，將深度做到 60 公分左右，更有抽屜和開門兩種選擇方便各種餐具料理盛裝器物的擺放。抽屜深度多不做到底，以最適合抽拉的 50 公分左右為佳。圖片提供 _ 禾光設計

2 增添活動式收納架

除了料理檯面、層架的陳列外，廚房中也可增添活動式收納架，收納常用且經常需移動的配件，更能增加烹調區域的機動性。圖片提供 _ KC Design 均漢設計

神救援：　L 型廚房和ㄇ字型廚房的櫃體特別需要注意轉角處的收納，建議使用轉角怪獸是最有效利用空間的。另外也可使用旋轉蝴蝶盤放置鍋具，不過由於是圓形的設計，還是有一些會空間會被浪費掉。

NG

| 2 |

烤箱、咖啡機放在檯面好亂，
好希望能完美隱藏且可以散熱！

神解！

▶ 依人體適合的高度來規劃電器櫃，使用時就能較為順手。

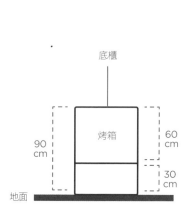

底櫃

烤箱

90 cm

60 cm

30 cm

地面

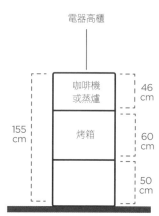

電器高櫃

咖啡機或蒸爐

46 cm

155 cm

烤箱

60 cm

50 cm

置放電器櫃中的烤箱、蒸爐、微波爐等設備，擺放的高度要考量使用者的身高，以 165 公分的使用者來說，眼睛平視電器顯示面板的高度約為 155 公分，扣除咖啡機或蒸爐的機身高度（通常為 46 公分高），順勢而下設置烤箱，是較適合的配置方式，若烤箱擺放於底櫃而非高櫃時，在人體工學可接受的範圍內，烤箱下緣距離地面最近可到 30 公分左右。

神解！

1 烹調家電設備多元，未規劃電器櫃而佔據
面積徒增困擾。

2 電器收納凌亂，因散熱不佳產生危險。

◀ 電器櫃置於料理檯面與廚
房出入口交會處，更便於使
用。圖片提供 _ 明代室內設
計

以操作方便、順暢為重點，當電器採取上下堆疊配置時，請以上方電
器高度為基準，由上方往下順疊。一般來說，使用頻率高、重量又重
的烤箱在最下方，上方放其他爐具。而電器櫃置於料理檯面與廚房出
入口交會處，更便於使用。抽拉式、開闔式的櫃門則能透過多元設計
保持使用便利與空間平整。

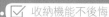
NG

| 3 |

喜歡收藏美酒小酌幾杯，但酒類總類又多，看起來很凌亂

神解！

若是紅酒類的酒瓶，多為平放收藏，需要注意的是深度不可做太淺，瓶身才能穩固放置，以免地震時容易搖晃掉落。一般來說，深度約做60公分，若想卡住瓶口處不掉落，寬度和高度約 10×10 公分以內即可。若收藏的酒類範圍眾多，瓶身大小不一，則適合做展示陳列。

1 櫃體機能整合

設計師將門片以實木酒箱製成，既成為屋主嚮往的紅酒櫃，同時有充足的收納空間。 而木酒箱也適合餐廚畸零空間的運用，整齊收在箱子內就不顯亂。圖片提供_分寸設計

2 設置餐桌邊櫃，方便拿取

讓酒瓶收納更顯一目瞭然，並且設置在餐桌邊櫃，強化機能之餘又創造了方便的拿取動線，且酒櫃與一旁的餐櫃做結合，讓空間感有更聚焦的效果。圖片提供_分寸設計

1 **酒櫃沒有融入空間設計，感覺格格不入**

酒瓶有些需收納有些則需展示，沒有分門別類作好居家收藏，就顯得凌亂。

2 **櫃體的尺寸規劃不完善**

沒有適合的規劃，無法一目瞭然找到收藏的酒。

NG

|4|

餐具杯盤放在廚房真不方便，使用起來也不順手

神解！

▶ 開放式的收納層好收好用卻容易凌亂，櫃門式則能保持整齊簡約的端景，餐廚空間裡兩種形式收納交錯設計最佳。圖片提供＿禾光設計

餐廚空間中體積小且種類多的小物件不勝枚舉，容易因常使用而凌亂不堪或找不到，餐櫃收納時要以「能一目瞭然」、「能在順手取用的位置」作為思考原則，想要讓物件擺放更順手、好拿，請先將不同功能的物品分類，各種食器如麵包碟、中型的湯盤、大型盤子、宴客專用食器等分門別類，再依照使用頻率和大小作調整。

1 餐具杯盤既繁複又經常使用,沒有方便順手的收納規劃。

2 櫃體空間不足,無法置放用餐時提味的調味瓶罐。

神解!

刀、叉、筷子及湯匙等適合以淺抽屜分隔配件來收納,所有器具清楚並方便取用。餐墊、紙巾、碗、盤、咖啡杯、茶具、茶罐等尺寸不一的物件,則可設計較深的抽屜櫃,或在內部利用活動層板調整收納空間。若是餐櫃是層板取代抽屜,則櫃體深度不宜太深,以免放在內側的物品拿取不方便。

▶ 烹調用的調味瓶罐,與餐桌用餐時提味的各式調味料,也可以分開陳列,餐桌上方以層架收納,方便之餘也讓用餐風景更美好。圖片提供 _ 禾光設計

NG

| 5 |

流理檯的工作區常不夠用，
高度也不對，下廚作菜好阿雜

神解！

45 cm

吊掛在空中的廚房上櫃，基本上都以輕型的杯盤、醬料和備品等小型收納為主，加上為了不影響下方工作區的使用，深度多只會做到 45 公分左右。並以個人單手拉直所能拿到的高度作為上方吊櫃位置的參考，最為實際準確。

▲ 為不影響吊櫃下方的工作動線，吊櫃深度建議以 45 公分為佳。插畫 _ 張小倫

1 流理檯為備料的重要位置，若沒拿捏好
  深度面積，會增加使用者不便。
2 沒有精準掌握吊櫃及料理檯面的高度，
  下廚因姿勢不良備感辛苦。

神解！

廚房下方的廚檯高度多落在 80～90 公分之間，上
方吊櫃則建議與廚檯具有 60～70 公分高度落差，
設定在離地 145～155 公分之間，至於上緣則是依
每個人的使用需求，可選擇置不置頂。但不論哪種
類型的尺寸，仍會建議依照使用者的實際身高和習
慣來進行高度規劃，才能更正確符合使用需求。

3
餐廚

145
～
155
cm

60
～
70
cm

80
～
90
cm

◀ 拿捏好深度面積，
才能增加使用者的便
利性。插畫 _ 張小倫

| 1 |

餐廳有畸零角落,讓空間使用不方便,又覺得好狹小

狀況分析

1 餐廳因柱體產生畸零角落,空間機能難以規劃
   因為柱體及窗戶的關係,使得空間規劃變得破碎難以使用。

2 畸零空間導致收納量不足
   畸零空間太狹隘反倒無法跟著櫥櫃收納在一起。

神解！

有時為了維持空間的方正，設計師會將隔間做調整，難免出現一些畸零空間，通常可將畸零空間規劃放置櫃體，增加收納空間、或者設計層板幫助靈活運用。

1 運用層板，增加瓶罐的收納處

因為柱體加窗戶，使用廚櫃旁的一角落難以利用，於是運用層板設計，依著窗檯沿著柱體規畫約 20 公分寬的層板檯面，可以放置餐廚使用的瓶瓶罐罐。圖片提供＿大湖森林設計

2 利用電器櫥櫃化掉柱體畸零

將餐廚空間開放出來，卻因牆面柱體而使得使用空間卡卡的，因此運用電器櫃及儲備高櫃將原本不平的牆面做整合，拉齊後將機能一一填入，將畸零幻化為無形，又增加收納機能。圖片提供＿大湖森林設計

層板檯面

1

2

NG

| 2 | 就是愛開放式廚房，
但油煙味道四處飄該怎麼辦

神解！

開放式廚房相信是每個喜歡下廚的人的夢想，
然而以台灣以熱炒為主食的料理手法，若廚房
沒有區隔，很容易油煙亂竄，難以清理。全開
放式廚房建議以輕食為主，若是家裡仍主張
熱炒方式料理，廚房還是採獨立設計較佳。

1 傳統廚房為熱炒區，再結合餐桌為輕食區

喜歡全開放式廚房，但又怕油煙、又無法改變
家人的飲食習慣，如果空間允許，不妨將餐桌
拉長，結合一個洗水槽及料理檯，規劃輕食區，
原本廚房則做滑門或拉門，在熱炒時可以關閉
使用。圖片提供 _ 大湖森林設計

2 利用拉門做彈性隔間

配置上可將廚房與餐廳的格局拿開，運用一扇
玻璃拉門設計，在平時可將廚房、餐廳完全打
開，彼此交流，等到有必要時再闔上，避免油
煙飄散至公共空間。圖片提供 _ 采金房室內裝修設計

狀況分析

1 **開放式廚房容易油煙亂起**
　無法處理廚房油煙四溢且味道很難聞。

2 **家裡習慣用熱炒方式來料理**
　如何選擇半開放、全開放或是獨立廚房。

1

1

2

NG

| 3 | 裝潢後發現有水火煞的風水疑慮無法改,讓人好不心安

神解!

廚房有水有火,煎煮炒炸有油煙、有聲音,是一個難以低調的場域,與其它空間的配合就顯得重要,衍生出的煞氣也特別多,尤其是「水火煞」及「冰火煞」。以科學風水觀點來看,用火煮食時一旁水槽若水花飛濺,勢必影響火候而影響食物料理。

1 瓦斯爐與水槽相距 45 公分以上

廚房中應以瓦斯爐→流理檯→水槽→冰箱如此排列,才能完全避免水剋火的煞氣。因此瓦斯爐與水槽位置調整,距離至少超過 45 公分以上才可化解。圖片提供_采金房室內裝修設計

2 改變冰箱開門位置

一般因為瓦斯爐已固定,要移位並不簡單,因此建議更改冰箱的位置是較簡單的方式。或是把冰箱轉 90 度,讓門不要直接面對爐火,也是一種方法。 圖片提供_采金房室內裝修設計

1 瓦斯爐與水槽緊臨或相對

瓦斯爐與水槽緊臨，或相距未超過 45 ～ 60 公分，會形成水剋火的煞氣風水。

2 瓦斯爐跟冰箱對衝

冰箱與瓦斯爐亦有水剋火的相沖格局，兩兩相對或緊鄰，都會致使家人健康上出現狀況，尤以腸胃最為嚴重。

 神救援： 萬一都無法避免冰箱對爐火，則可以設計一滑門，將冰箱遮起來，化解煞氣。

3 餐廚

NG

1 | 發現排煙管線位置不妥當，油煙會亂竄

狀 況 **分 析**	**1 料理完後油煙味散不掉** 做完菜後總覺得家裡的油煙停很久，散不掉。 **2 排煙管位置彎折多** 別人抱怨我家的油煙管子太長直對他家後陽台及廚房。

神解！

排煙管在台灣是各戶直接往後陽台接管排放，所以一旦廚具設備完成後，要做任何更動都很困難。因此在安裝抽油煙機的排風管時，一定要注意：建商是否已在在天花板上面洗好洞、管線尺寸及長度是否適當、配電是否完善等等。

1 施工時確認排煙管是否接出去

廚房施工要千萬小心，尤其是排煙管的安裝，必須確認是否從抽油煙機接管至建商洗好的孔筒排出去，並在管尾要加防風罩，以免排煙回流及有動物或昆蟲跑入。圖片提供＿大湖森林設計

2 排煙管避免彎折多，也別太長

排煙管線要避免皺折彎曲，否則會導致排煙效果不佳。且排煙管線距離也勿過長，最好在 4 公尺以內，就要接出去。並可以利用廚具的上吊櫃及天花板，把管線遮掉。圖片提供＿采金房室內裝修設計

1

2

神救援： 鄰居抱怨飄散問題，可以檢視一下，是否排油煙管線從洗孔出去後，是否沒有折下排氣，這時只要再安裝防風罩即可解決。

| 1 |　餐廳中島高度讓人使用時
　　　駝背不舒服，腳也沒有置放處

坐著我背好不舒服，
腳也沒地方可放...

**狀況
分析**

1 廚房格局限制配置中島的機會
想打造中島，但覺得現有的廚房格局似乎太小。

2 高度太高影響使用者的舒適度
不清楚尺寸形式導致設計了錯誤的中島。

神解！

一般來說，中島高度設定會比餐桌高一點，大約 85 ～ 90 公分高。但由於近年來，中島廚房的形式愈來愈多種，因此會視使用者需求規劃適合的中島檯面高做呈現，並還有助於提高空間使用的效能。

1 用中島界定餐廳與廚房空間

中島是每個人的夢想，但在空間有限的情況下，建議可以將餐廳及廚房的隔間打破，改以中島吧檯取代，並整合餐桌，讓空間機能多樣化，也可做為空間界定。圖片提供_樂沐制作

2 視需求規劃中島形式

結合吧檯的中島，高約 110 公分左右，可以遮廚房收納的雜亂感，再搭配吧檯椅使用。而常規的中島高度，是會比流理檯高一點，約 85 ～ 90 公分高，這是以東方人體型做設計，同時也可以遮爐火。但如果家中空間不夠，其實與餐桌結合的中島，約 75 公分高，也是一種選擇。圖片提供_采金房室內裝修設計

1

2

神救援： 如果覺得中島過高，使用起來不舒服，或站久會容易累，不妨可以買坊間有可調整高度的吧檯椅，解決這個問題。

| 2 | 餐廳的桌椅坐起來不舒適，傢具比例和選擇很困惑

神解！

餐廳內主要陳設的傢具有餐桌、餐椅與餐櫃，如何讓用餐空間呈現舒適感，避免傢具「卡卡」是一門學問。首先要定位的是餐桌，無論是方桌或圓桌，餐桌與牆面間最少應保留 70 ～ 80 公分以上，讓拉開餐椅後人仍有充裕轉圜空間。

☑

1 依使用者身高訂製適合的餐桌椅

餐桌尺寸的大小必須視餐廳空間尺度規格而定，就高度來說，大約為 75 公分高，椅子高度約 45 公分左右。若是使用者的身高有特殊需求，例如超過 180 公分，則建議最好用訂製餐桌椅，高度比一般餐桌椅高約 2 ～ 3 公分，甚至更高，使用起來比較適合。圖片提供 _ 樂沐制作

2 如果餐桌位於動線時，離牆應至少有 100 ～ 130 公分

餐桌與牆面間除保留椅子拉開的空間外，還要保留走道空間，必須以原本 70 公分再加上行走寬度約 60 公分，所以餐桌與牆面至少有一側的距離應保留約為 100 ～ 130 公分左右，以便於行走。圖片提供 _ 大湖森林設計

狀況分析

1. **餐廳的桌椅坐起來不舒適**
   買現成的餐桌椅,但總覺得坐起來太矮。

2. **餐桌椅擺入空間後,很容易撞到**
   餐桌椅擺入餐廳後,結果從客廳出入廚房老是會撞到桌腳或椅子。

1

2

神救援: 不論是餐桌還是中島,若想選擇適合的椅子高度,就要記住比桌面或檯面低 30 公分的原則。

NG

|1| 廚房地板容易濕答答，還不斷有蟑螂和蚊蟲出現讓人很驚慌

神解！

廚房因為處理食物，很容易招來蟑螂及螞蟻，想要避免這問題，除了平時要勤勞清理廚房外，可選擇具有防蟑板及防蟑條的廚具設計，另外地板可採用有防滑效果的木紋磚、板岩磚、防滑磚等建材，而少用不防滑的拋光石英磚。

状 況
分 析

1 **廚房滋生蟑螂和蚊蟲**

使用廚房常看到蟑螂及螞蟻的蹤跡,甚至出現蒼蠅及果蠅。

2 **拋光石英磚防滑效果是不是不好**

買新房時建商將廚房地板都處理好,但是拋光石英磚感覺容易滑倒。

1 **選擇具有防蟑板的廚具**

除了防蟑板及防蟑條的廚具外,平時仍要做好清潔整理,例如廚餘要當天處理,不要留在家裡。另外能在洩水頭安裝防蟑蓋也是一種方法。圖片提供 _ 大湖森林設計

2 **選擇有防滑效果的地坪材質**

若能力有餘當然最好將原本的拋光石英磚,改為具有防滑效果的材質,例如木紋磚、板岩磚,或其他防滑磚等。若是無法更換,則能運用市售的防滑地毯,達到相同效果。圖片提供 _ 大湖森林設計

NG

| 2 | 廚房壁面、檯面容易積油漬，
打掃起來覺得好辛苦

神解！

保持廚房清潔，可以先從建材規劃開始，爐具
或是水槽等容易骯髒的配備四周，使用好清潔
的材質，例如烤漆玻璃、不鏽鋼面板等等。

1 壁面用不鏽鋼面板及烤漆玻璃，不怕刷子刷

材質上，在壁面採用不鏽鋼面板貼在瓦斯爐的背牆，或者考慮整體的設計，可以在上櫃與檯面之間的背牆上用烤漆玻璃來取代磁磚。圖片提供 _ 采金房室內裝修設計

2 玻璃馬賽克壁磚，添空間色彩

如果非得用磁磚不可，那建議使用玻璃馬賽克磁磚，並貼無接縫亮面磁磚，填縫劑要用新型的奈米填縫劑，而且可以增添廚房立面的活潑風貌。圖片提供 _ 采金房室內裝修設計

3 檯面選擇人造石及不鏽鋼面板

人造石材料無毛細孔，無明顯拼縫，論清潔論保養都十分容易，但有一個很大的缺點就是容易刮花，刮到之後的表面痕跡會吃色而導致檯面變花，建議選用深色或本身就帶點條紋或花紋的材料。或者選用不鏽鋼檯面：耐磨防潮性佳，但質感上較冷，清潔劑除極強的酸鹼外，較不受限制。由於濕布擦拭過後會在表面留下水痕，可再以乾布或紙巾擦拭一遍，即可長保如新。圖片提供 _ 大湖森林設計

1 每次做完菜,看到廚房壁面油漬很難清
傳統廚房壁面多用磁磚處理,但每次不隨手清理,幾次下來都容易卡油。

2 廚房檯面用人造石不怕髒,不確定真偽
廚房檯面選什麼建材才不怕油漬及髒污。

1+2

3

NG

3

廚房的油煙問題，櫃子長久不清理就會有汙垢和髒髒黃黃的

1+2

神解！

一般人在挑選門片材質，強調的需求不外乎，視覺與觸覺的質感、顏色與花樣是否與裝潢符合、以及是否好清潔，尤其台灣的氣候較為潮濕，容易變色影響壽命。其實隨著科技的進步，廚具的面板也有越來越多的新材質可選擇，像是電腦噴繪玻璃烤漆門板，就可以依使用者的喜好去挑選花色及圖形，讓廚房的視覺感更為豐富。

1 **家中白色廚櫃長久不清就髒髒黃黃**
白色櫃子的髒污很明顯,但想用深色櫥櫃搭配空間設計又擔心看不到。

2 **猶豫廚櫃門片的材質選擇**
櫥櫃門片選擇多該怎麼選,如結晶鋼烤、鋼琴烤漆、彩繪玻璃烤漆、美耐板等。

1 **水晶板、結晶鋼烤防水效果好**
廚房因為比較容易潮濕,因此在維護上,會建議使用所謂的透心壓克力板 6 面同色無接縫封邊的結晶鋼烤或水晶板,採一體成形的製程,防水效果好,板材不易潮濕而變形。圖片提供__采金房室內裝修設計

2 **噴繪玻璃烤漆門板打造個性廚房**
廚具的面板也有越來越多的新材質可選擇,像是電腦噴繪玻璃烤漆門板,就可以依使用者的喜好去挑選花色及圖形,可以讓廚房的視覺感更為豐富。

3 **結晶鋼烤門片容易清理,好保養**
結晶鋼烤門板底材為木心板,表面屬硬化本色的壓克力,不經噴漆處理。色彩豐富、亮麗,表面光滑,容易清洗。廚房採光較不明亮推薦使用結晶鋼烤,門板能使廚房增添亮度,且顏色選擇多。價位上也比工法繁複的「鋼琴烤漆」要來得低一點。圖片提供__采金房室內裝修設計

3

PART 4

臥　　　　　　房

NG

☑ 收納機能不後悔

1

臥房狹隘導致棉被、行李箱只能堆放角落,看久了心情變好差

狀況分析

1 狹小空間的收納地方少,做滿櫃子又會太擁擠

2 沒有規劃專用儲藏空間,東西無處塞

神解！

▶ 架高地板擴充為儲藏空間為一種隱形收納的常見方式。圖片提供 _ 馥閣設計

狹小空間可以考慮使用掀床或架高地板作為收納空間，但掀床的缺點是床下清掃較為不易，材質一般會為木心板或夾板，由系統櫃廠商製作則為密集板，價格為前者的兩倍，而無論是側掀或是上開掀床，為了使用安全，務必選購支撐五金配有安全鎖的產品。

神解！

換季後用不著的棉被和久久使用的行李箱，由於使用頻率低，可以放在較不易拿取，不會馬上看到的位置。在狹小空間的使用上，以天花板挑高個案為例，垂直收納是常見的規劃方向，可以頂天衣櫃放置這些季節性的需求物。

◀ 挑高空間天花板設置升降收納櫃。圖片提供 _ 馥閣設計

神救援：

房子日益收納不足，卻無法擴充櫃體，建議每年做一次徹底的斷捨離計畫，淘汰多年未用的物品，換取更大的空間。

2 | 每次開關衣櫃時，門片關起常會卡到衣服好困擾

神解！

▶ 在坪數有限的空間下，可以選擇滑門式衣櫃讓運用更彈性。圖片提供 _ 馥閣設計

衣櫃的深度其實有標準尺寸，一般來說扣除櫃體、門片的厚度，置衣空間的深度多為 60 公分才符合實用機能與人體工學，有些較小的衣櫃深 55 公分，大部分東方人的衣物可以放得進去，有些男性的西裝大概就放不下，因此在深度上，應以肩寬最寬的衣服為準。

神解！

◀ 活動空間較為足夠時則可選
擇開門式衣櫃。圖片提供＿馥
閣設計

櫃身與門片的厚度，開闔門約加上 5 公分，滑門約加上 10 公分。而
該使用哪種門片，應取決於活動的空間：若衣櫃前沒有 60 ～ 80 公分
的開門空間，就可選用滑門。雖然系統或木作衣櫃的寬與高都是可量
身訂製，但是由於五金的承重能力，開闔門片每片最大尺寸最好不超
過 50 公分。

神救援： 如果足以規劃衣櫃的空間較狹窄或是屬於畸零結構，建
議可避免使用吊掛形式，而是以抽屜型櫃體為主，使用
上更順手。

NG

|3|

飾品配件，包包放進櫃子很難找，收在一起又顯亂

神解！

衣櫃規劃前，務必和設計師或系統櫃廠商溝通。除了檢視什麼物品預定放在衣櫃，也得考量自己的生活習慣以便設計在臥房內的動線。不一定要將所有的東西都塞進臥房衣櫃，大型配件如包包，甚至外套，都可以放置在其他區域，例如玄關；另外小型配件像絲巾、首飾及手錶，則視收藏的數量及動線，決定是否有需求與衣櫃整合。

▶ 行李箱和包包的收納不見得要與衣櫃合一。圖片提供_馥閣設計

神解！

◀ 若放置配件的區域的櫃體較深，也可將收納做更衣間的櫃門上，在門上吊掛鞋子、絲巾等。
圖片提供 _ 馥閣設計

如果首飾及配件數量繁多，希望可一目瞭然方便搭配，可在在靠近化妝檯的區域規劃類似商業店面式的九宮格、錶枕。在 60 公分深的櫃子內，門板就有 20 公分的收納容量，剩下櫃內的 40 公分不需要將層板或抽屜拉出，也能將後面的物品看得很清楚。另外希望找尋更顯便利，也能在櫃內及門上加裝插座，設置光源。

NG

| 4 |

我和先生的衣服樣式多，有西裝和洋裝，容易折到且收納凌亂

神解！

▶ 多設吊桿能讓變動的彈性較大，也更方便吊掛衣物。圖片提供 _ 馥閣設計

吊桿的標準高度約 180 公分，除非使用者身高極高，否則不可以超過 200 公分，吊掛衣服的空間一般預留至少 100 公分。假如會產生衣服下擺折到的問題，就表示標準尺寸並不符合需求，規劃前應該丈量自己預定吊掛的最長衣物，或是種類最多衣物的長度，以此為標準預留吊掛空間。

😇
神解！

4
臥
房

◀ 依據衣服的類型及收納方
式決定抽屜的樣式和數量。
圖片提供 _ 馥閣設計

吊桿和抽屜比例，首先要檢視衣物的種類和個人收納習慣，T-shirt 多或
習慣衣服都折疊收納者，就必須增設多些抽屜；襯衫或較不耐折、衣
物大多送洗者，以吊桿為主。在小空間的情況下，由於折衣的收納量
較大，除了非吊不可的衣物，抽屜收納會較為實用，一般抽屜內部尺
寸規劃為 25 公分高，太淺收納量少，太深不方便拿取。

NG

| 5 | 覺得床頭櫃很佔空間，且壓樑長柱讓臥房有畸零處

神解！

▶ 整面牆都作為收納規劃，讓空間使用不浪費。圖片提供 _ 馥閣設計

現在臥房的空間越來越小，床組也大多西化，床頭板加上床邊桌／櫃為主流，床頭櫃的收納功能漸漸被取代，或以掀床的床下空間替代。越來越少人買床頭櫃做收納，最常看到的是為了避樑，而避樑設計，已經不單只是將床頭往前移，將整個牆面規劃為收納空間，解決壓樑問題，收納容量也比傳統床頭櫃大得多。

1 臥房的空間狹窄，收納空間不足
2 臥房內的壓樑長柱形成畸零空間

神解！

4
臥
房

◀ 牆往前推避樑省去床頭櫃，
並且巧妙搭配個人特色的床邊
桌／櫃。圖片提供_馥閣設計

床邊桌／櫃不需要死板的只跟著床組買同款搭配，可以根據個人睡前
活動以及床邊空間的多寡，來決定床邊照明及收納的樣式，可依需求
添購開放式小書架和閱讀燈，也或者只需要張板凳放鬧鐘與眼鏡，這
樣的變化設計反而能讓臥房更有個人的風格。

NG

|1| 裝潢後覺得臥房空間狹小，機能性也很差

神解！

☑ 1 雙人床不一定要置中

若扣掉衣櫃深度及床之後的空間剩下 110 公分，置中一邊各 55 公分，只能使用滑門衣櫃，人也無法正走。假如走道留大小邊，靠衣櫃 70 公分，人可以正走，打開衣櫃門也可方便瀏覽衣服；另一邊則為 40 公分，人可以側身走，鋪床也不麻煩。

2 維持睡前視野單純

避免感官刺激是創造良好睡眠環境的要素之一，盡量維持房間內線條乾淨單純。而書桌置於床後使睡前視野乾淨單純，不犧牲活動空間，視覺上也不壓迫。

3 衣物不一定放臥房

在一個家庭內，除了貼身衣物，普通衣物的私密性可能還不如工作中的書桌，不需一定要放置在個人專用的房間內。如果空間狹小，可考慮將更衣間另置他處，房內放貼身衣物用斗櫃即可。

4 臥房也可創造玄關

穿過還沒要洗且又沒處擺的衣服，通常是臥房最大亂源。可在門旁設置吊掛架、無門開放式衣櫃，或是透氣的格柵／格子門。

1 空間擺設只能微調床俱的位置
2 狹小空間導致視覺狹隘

▶ 沒有床非得靠牆的禁忌者，也可將書桌或化妝檯放置在床後。 圖片提供 _ 馥閣設計

1+2

▶ 樓中樓導致臥房低矮狹小，將窄邊和部分地板架高，還可為收納使用。圖片提供 _ 馥閣設計

3+4

NG

|2| 裝潢後發現兩間臥房間的隔音很差，如何代替牆面補作隔音工程

神解！

▶ 收納櫃或衣櫃做隔間牆隔音效果。圖片提供_馥閣設計

以往磚造牆面隔音效果佳，但是現在為了符合耐震規定，隔間牆採木造或輕鋼架輕隔間為主流。輕隔間隔音為填塞隔音棉，一般住家採用密度60K 的岩棉，斷熱防火之外也有一定的隔音效果，但若要更高的隔音能力，例如卡拉 OK 或琴房等需求，除了更高密度的岩綿、雙層材料等工法，專業的隔音棉、隔音毯是較合適的選擇。

1 兩間臥房之間的隔音差
2 裝潢後牆面已經無法再大動工程

在原本建築沒有隔音設計的情況下,後加的隔音工程效果不彰,因此最好的改善方式可能就是在隔間牆面設置衣櫃或收納櫃,因為較一般牆厚得多,裡面不但有空氣,還有吸音的衣物纖維,隔音效果佳,比起書櫃隔間牆好得多,甚至勝過一般的輕隔間牆。

神解!

4
臥
房

◀ 活動床墊加上衣櫃都使得牆面會有相當好的隔音效果。圖片提供 _ 馥閣設計

NG 3

臥房內雖有獨立更衣間，
但使用動線很不流暢

神解！

▶ 獨立更衣間的好處是一覽無遺。圖片提供
_ 馥閣設計

設置更衣間的基本條件，就是必須足夠一排衣櫃加上人可站立走動空間，基本尺寸為 60 公分加上 60 公分，若是想要完全獨立的房間，還要加上隔間牆的厚度 8 公分左右，因此估計至少為 120 公分～ 130 公分才有條件做獨立更衣間。

神解！

◀ 寬大的樑下空間只需將隔間牆再後退一些，
就能劃出更衣間。圖片提供 _ 馥閣設計

獨立更衣間的優點，是內容物能一覽無遺，沒有櫃框收納物也較不易
受體積形狀限制，但收納量反而會有所限制。想要衣櫃一覽無遺，又
不會被滑門片擋住或是拉門佔據空間，可以選擇設計半獨立式穿衣
區，讓開門靠門後的那面牆能向後退 60 公分，就是最合適設置穿衣
區的區域。

NG

4

樑壓床睡得不舒坦，風水忌諱讓人想東想西頭好暈

神解！

☑ **1 沖床煞**

又撐開門見床，床腳對門，或是床對廁所在風水疑慮上都容易使主人身體脆弱。最直接的方式就是改變門的位置，但設計上以無法大更動時，能將門改為隱形門化解。

▶ 設計隱形門的方式能化解沖床煞的問題。圖片提供 _ 馥閣設計

1

4
臥
房

2 樑壓床

樑壓床是最常見的風水疑慮。避樑的方式有床頭櫃、床頭板、樑下放置大收納櫃，或是將床往前移；若是空間真的十分狹小，不動床的位置，木作施工則有圓弧天花板包樑的手法，或以層次天花板修飾起來。

3 床後有窗

床後有窗，有導致睡眠不安穩的風水疑慮。若不想犧牲太多通風採光，以窗簾及活動門片是比較彈性的化解方式。

4 鏡床煞／鏡門煞

鏡子反射端景，雖能放大空間中的視覺效果，但也容易反射出不良能量干擾主人運勢、而房間中的化妝檯如果正對床鋪，半夜起床容易被自己身影嚇醒。鏡子的擺放位置雖要考慮使用方便，但如果放置全身鏡的空間不多，可選能轉折或有拉門隱藏在牆內的鏡子。

▶ 開門對鏡用活動拉門就能輕鬆遮住。圖片提供 _ 馥閣設計

NG

| 5 |

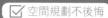

學齡前孩子在兒童房內容易碰撞跌傷，且房間位置和公共空間離很遠

神解！

1 行動安全

學齡前兒童的活動空間，應盡量避免銳角、突出的傢具或裝潢，並且維持空間線條乾淨，較不用擔心孩子跌到撞傷或丟砸東西打壞家中的佈置。圖片提供＿馥閣設計

2 方便清潔

兒童房儘量選用不怕髒、耐操耐磨的傢具建材，例如使用黑板漆、烤漆玻璃或是好清潔的美板材質做為牆面、門片。圖片提供＿馥閣設計

3 活動傢具與拉門設計

為保持空間使用彈性，除了一般通用的收納，不要施作固定式傢具。如果想從大空間切割出兒童房，也不一定需要做成固定牆面，設計活動式拉門在孩子還小的時候，可隨時與其他的家庭空間結合，彈性較大，長大時要劃分專屬自己的空間也較方便。圖片提供＿馥閣設計

1+2

3

NG 1

臥房內傢具顏色重點太多，
視覺上感覺好雜亂

狀 況 分 析	1 搞不清楚用重點用色來營造氛圍 2 忽略臥房內寢具花紋的選擇技巧

神解！

▶ 臥房空間較小，用色盡量輕盈舒適一些，有助於提升睡眠品質。圖片提供 _ 亞維設計

臥房的用色，要看房間大小和採光度再來決定。不過台灣通常普遍都是臥房空間較小，已經顯得壓迫的空間，如果採光又不佳，不建議使用較重色彩的顏色壁面。可以在單一壁面用色較重，其餘保留白色，用「重點用色」來營造氛圍好過整個空間色調太重，讓人感到壓迫。

▲ 寢具顏色和花紋能影響視覺觀感，增加舒適度。圖片提供 _ 亞維設計

如果覺得白色太單調，可以考慮大地用色，沈穩的顏色也有助於放鬆心情。除了壁面用色之外，寢具顏色和花紋也能影響視覺觀感，可以挑選較為素雅的寢具顏色，讓空間整體的視覺舒適度提升。

NG

2 | 床具和走道之間位置好擁擠，走路很不方便！

神解！

▶ 先思考自身生活習慣及可能添購的家具配件，再來決定床墊尺寸。圖片提供 _ 亞維設計

床鋪的 SIZE 該如何挑，是很多人的疑問，其實，臥房空間有沒有足夠位置擺放想要的尺寸才是重點。如果臥房面積不大，那麼自然只能添購一般大小尺寸的床鋪，但如果有充足空間，買大一點的床鋪，睡眠品質相對會更舒適。

状況
分析

1 沒注意到床鋪尺寸的挑選標準

2 床具與走道的位置比例不對，擺放不恰當

建議挑選床架時，挑選下方架高的床架，未來可當收納空間。至於床頭櫃的位置，大多是在床鋪兩側，最好是貼緊床鋪擺放，但櫃體的高度避免平行於人體躺在床鋪上時的高度，以防止睡覺時將床頭櫃的東西撥落。衣櫃跟床鋪間的走道空間，至少要保留櫃門能順利打開的空間寬度。

櫃門能順利打開的
空間寬度

◀ 保留櫃門能順利打開的空間寬度，才是正確比例。圖片提供_亞維設計

NG

3

開心買下了床墊，
但使用過後發現睡得相當不安穩

神解！

▶ 床墊一定要親自試躺，才知道合不合適自己。圖片提供 _ 亞維設計

每個人的睡眠品質跟需求都不盡相同，因此床鋪的挑選只有一個原則，就是「親自試躺」，這是不能缺少的動作。有的人躺硬一點的床鋪會睡不好，但有的人卻是睡軟一點的床鋪會腰痛，所以親自試躺相當重要。

神解！

1 購買上忽略正確選擇的方式

2 沒了解床墊結構就急忙買下不適合的床墊

◀ 如果想要支撐力較夠的，能
考慮高密度彈簧床或獨立筒彈
簧床。圖片提供＿亞維設計

　　床墊的結構通常可分為「串聯式彈簧」，「高密度連續彈簧」跟「獨立筒彈簧」三種，不同結構的硬度跟躺起來的感覺都不同，一般來說飯店通常使用的是「高密度連續彈簧」，支撐力較好；因為現在的床鋪製造技術很進步，平價床鋪也能買到優良的品質，可以多比較幾家再決定。

NG

| 4 |

保養品瓶瓶罐罐放在桌上，
覺得不美觀又好凌亂

神解！

▶ 好收納的梳妝檯是
每個女人的夢想，但
首先要清楚自己的使
用習慣。圖片提供 _
亞維設計

梳妝檯是每個臥房幾乎必備的居家用品，但要
使用的順手卻有很多眉角。首先要測量慣用化
妝用品的尺寸大小和數量，對很多女性來説，
即使平日大多淡妝為主，但光是要收納瑣碎的
化妝小物，數量也不少。先搞清楚保養品跟化
妝品的尺寸跟種類，再來決定梳妝檯的種類。

狀況
分析

1 沒有隨著使用者習慣設計梳妝檯
2 尺寸沒選對,拿取不順手且不好收納

60cm

神解!

◀ 找尋合適的尺寸,讓收納更
方便。圖片提供 _ 亞維設計

盡量不買有落地櫃的,建議挑選檯面下兩個抽屜,主體收納櫃規劃在
檯面上,收納跟存取比較方便。檯面高度至少要 90 公分高,寬度至少
要 60 公分,如果市面上沒有找到合適尺寸,建議量身訂製,最能符合
需求。

NG

| 1 |

臥房空間感覺很壓迫，想使用燈光來改善，反而太亮不舒服

狀 況
分 析

1 房子的樓高本來就比較低矮，產生壓迫感
2 使用了不正確的光源，讓房間過亮

神解！

▶ 只要燈光打得好，可以改變
空間的氛圍和感受。圖片提供
_ 亞維設計

有些房子的原本屋高比較低矮，為了避免予人壓迫感，裝潢時除了可
以不做天花板，避免視覺感更壓迫之外，善用燈光運用也能調整空間
舒適度。比如捨棄主燈，使用軌道燈或崁燈打亮空間。燈光可以打在
壁面上，利用折射的光線照明之外，營造空間較為柔和的光源。

▲ 通常黃光會比白光與人更放鬆溫馨的感
受。圖片提供 _ 亞維設計

立燈也是輔助的好幫手，因為立燈
打出來的光源雖然局部，但比較明
亮，而且選擇好看的立燈同時美觀
了空間，一舉數得。光源選擇上，
建議使用黃光代替白光，雖然白光
的照明較明亮，但昏黃光源能為空
間增添柔和的氛圍，改善室內樓高
低矮的壓迫感。

2 | 臥房是北向開窗，冬天容易冷也不保暖

狀 況 分 析	1 處在北向，迎接了冬季東北季風帶來的寒冷風 2 窗戶的空氣層做的不完善

神解！

通常較冷的房間，都是處在北向，因為迎接了冬季東北季風帶來的寒冷風。建議房間的窗戶要保持緊密，有些人會擔心室內會不會太悶，但其實窗戶不可能做到密不通風，尤其又正位處北向，多少都會滲風進來，為了保暖，隨時緊閉窗戶是必須的。

▲ 雙層氣密窗或拉起窗簾，都是為了製造保溫的空氣層，盡量維持室內溫度。圖片提供 _ 亞維設計

◀ 巧妙將靠窗的位置設計成更衣間或書房，更有效的製造空氣層。圖片提供 _ 亞維設計

建議白天保持窗簾開啟，引進日光的熱能，到了晚上則將窗簾關起，讓窗簾和窗戶之間產生的空氣層，產生保溫效果；或者將窗戶改成雙層氣密窗，窗戶間的空氣層也能有效抵抗冷風，維持保暖；也可以在裝修時，就將靠窗的位置設計成更衣間或書房，隔間也是製造空氣層的好方法。

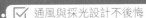
| 3 | 家裡臥房西曬的問題很嚴重，
想睡午覺時會很不舒服

神解！

▶ 西曬嚴重的空間，建議白天一定要將
窗簾拉起。圖片提供 _ 亞維設計

要處理西曬的首要原則就是「阻擋熱源」，盡量不讓熱源進到屋內，室
內溫度至少可以差 2 ～ 3 度。因此「全遮光窗簾」以及「百葉」都是好
選擇。尤其夏天的白日，最好窗簾跟百葉都處在遮蔽的狀態，到了夜晚
沒有太陽的光線之後再打開，就能有效防堵西曬問題。

1 沒有用有效的方式阻擋熱能進入

2 住家空間不通風,無法製造對流

即使沒有前後窗製造對流,也要隨時保持住家的通風,大門通常並非密閉式,因此門縫多少還是會跑進風,在不通風的狀況下,讓家裡至少留一扇窗,打開局部也行,更有助於解決散熱的問題。

神解!

4
臥
房

◀ 保持室內通風,可以減少濕氣也能降低熱能。圖片提供 _ 亞維設計

PART 5

衛　　　　浴

NG

・・・・・・・・・・・・・・・・・・・・・・・・・・・・・・・・・・・・・ ☑ 收納機能不後悔

1 │ 衛浴的濕氣較重，浴櫃門片很容易產生黴菌和膨皮

狀況 分析	1 黏膠品質不好或木工手工品質不穩定
	2 選擇不合適的浴櫃材質

▶ 現在 PVC 發泡板可做各種造型面板，如鄉村風或新古典風格需要的浮雕線板，或是木紋觸感的設計。圖片提供 _ 金時代衛浴

浴櫃門片脫膠、膨皮、發霉原因主要有兩個，黏膠的品質不好或木工手工品質不穩定的問題。比起使用造價高昂的進口機具、特殊樹脂高溫熱壓封邊的系統櫃或浴櫃，許多便宜的密集板傢具只是用強力膠或白膠貼皮，若是木工手工製作，品質參差不齊，更遑論不少木工只貼看得到的部分，底部或靠牆部分是不貼的，當然無法阻擋濕氣。

神解！

浴櫃材質的最佳選擇是 PVC 發泡板，可水洗，並且也可烤漆、貼皮，配合各種外觀的需求，雖然價格較高，但經久耐用。如果衛浴乾濕分離徹底，通風良好，能時常保持乾燥，在乾區不接觸水的櫃體也能使用系統櫃，但必須注意選用板材的防潮係數，以及必須六面封邊，最好選用較厚的 ABS 邊條，以有效阻絕水氣。

◀ 左上第一片為夾板，第二片為密集板，也就是系統櫃的材料。最下方為 PVC 發泡板，右為上漆的 PVC 發泡板。圖片提供 _ 金時代衛浴

神救援： 浴櫃如果已經出現膨皮發霉的現象，為了使用安全和家人健康，最好還是整座更換，且不動水電下更換浴櫃並不麻煩。

NG

2 衛浴間空間小，三件式設備置放後連走動都很困難，且衛浴用品塞滿看起來好雜亂

神解！

▲ 只要掌握三分法重新改造，小衛浴也能有乾濕分離。 圖片提供 _ 金時代衛浴

衛浴規劃最基本的方法，就是依據三樣基本的衛浴設備尺寸依序劃分的「三分法」。

1 馬桶

馬桶所需的空間為寬度為 70 ～ 80 公分，因為移動糞管必須墊高地板，也增加阻塞風險，通常不建議隨意改變位置。

2 浴缸或淋浴間

所需最小寬度為 70 ～ 90 公分，根據使用者的身材決定舒適的活動空間大小。

3 洗手檯

洗手檯的尺寸其實最多樣也最靈活，因此可以在前兩項定位之後，再依所剩的空間決定面盆樣式和大小。

▲ 考量設備品牌、樣式與自己所需的收納需求，就可在預算內規劃出理想的衛浴。圖片提供＿HOUSESTYLE 好時代衛浴

神解！

5
衛浴

收納方面，洗手檯上下及馬桶上方，都可以規劃不佔據活動空間的鏡櫃或吊櫃。常見的設計，可在鏡櫃下方部分開放，使用上較為順手且置放物品更多元；另外在馬桶上方吊櫃整合衛生紙抽取孔，可以更節省空間的運用。

NG

| 3 |

衛浴洗手檯上的洗面乳、牙膏牙刷等盥洗用品到處擺，使用上好不順手

神解！

一般鏡櫃深度為 12 ～ 15 公分，太深容易使小空間產生壓迫感，而這樣的深度幾乎放得下所有的衛生用品及備品；滑門會多耗費 2 公分的深度，一次只能看到一半的櫃子，無法一覽無遺，因此選擇開門門片會較為理想。常見鏡櫃設計有三種。

1 鏡櫃與洗手檯等寬

如果寬 50 公分以下，只需規劃單片門。

2 洗手檯上鏡櫃加馬桶上吊櫃

有些長輩希望能將所有衛浴用品，包括毛巾等都放在衛浴，因此會深度較深（約 30 公分）收納較為適合。明顯缺點就是較不美觀，兩個不同的櫃體單價也較高。

3 鏡櫃由洗手檯延伸到馬桶上方

整面鏡櫃除了讓空間有放大效果，一體做成的櫃體單價也較便宜；足夠的寬度可以規劃三個門，一點鉸鏈安裝方向的變化，搭配門片光源，就可讓門片變為無死角的專業化妝三折鏡。

沒有完善的鏡櫃設計和正確規劃

1+2

3

▲ 掛鏡加上馬桶上方吊櫃的組合，增加收納空間。
圖片提供 _ 金時代衛浴

▲ 鏡櫃門鉸鏈只需要裝不同方向，就能做成三折鏡。 圖片提供
_ 金時代衛浴

145

NG

|4|

浴櫃用不到一年，抽屜就關不起來，是滑軌品質不好嗎？

神解！

五金挑選要依據自己的需求選擇，重要的大原則是選擇知名大廠牌，並且是構造單純或最常被使用的款式，確保壞損時容易找到零件維修。選擇知名進口品牌設計優良（例如奧地利 Blum, 奧地利 Grass, 德國 Hettich 等），使用手感好、初期問題也較少，缺點是較不耐濕的合金材質，台灣氣候潮濕，長期使用難免鏽蝕，但維修和尋找零件都相當方便。

▶ 奧地利進口 Blum 抽屜五金是一體設計，不是只有滑軌，因此使用起來手感滑順。圖片提供_金時代衛浴

神解！

▲ 國產廠商川湖科技的自有品牌 Kingslide 不鏽鋼抽屜滑軌，
價格親民一個不到 300 元。圖片提供 _ 金時代衛浴

選擇台灣國產品牌（例如 HQ 系列, 川湖 Kingslide）的使用手
感不如進口品牌，但多為不鏽鋼材質，可耐高濕甚至溫泉或海
邊等特殊環境。選擇時除了考量衛浴環境，檢視自己對價格、
手感、耐用程度的在意比重也很重要。

覺得衛生紙和垃圾桶擺放位置很不順手且又不美觀

😇 **神解！**

一開始就將需求整體規劃進去，洗臉檯下櫃設計開口，整合衛生紙放置架和垃圾桶，線條乾淨整齊，雜物收納都不需擔心。而衛生紙及其他衛生用品的擺放，可在馬桶上或馬桶旁加裝一塊 10 ～ 15 公分的層板解決用品放置的問題，更增加放置裝飾盆栽、香氛物等的空間。

▶ 浴櫃側板開約 10 公分衛生紙孔，並規劃開放式置物架；馬桶上方裝置物層板也很好用。
圖片提供 _ 金時代衛浴

狀況分析

1 沒做好整合規劃的設計
2 備用物品（毛巾、存放的衛生紙）想存放但沒空間擺

神解！

▲ 將收納機能整合於洗臉檯的櫃體下方，且預防物件潮濕問題。圖片提供 _ 金時代衛浴

在洗手檯下規劃置放區域，以「下掀」與「可提拿」的方式設計，將存放用的衛生紙或沐浴乳、洗髮精、甚至毛巾、浴巾等，因為不需要經常拿取使用，擺到位於下方的浴櫃，偶爾彎腰、蹲下拿取即可。或者規劃有輪子的提籃式收納設計，與浴櫃融合為一體，不會顯得突兀、不美觀。

 神救援： 想要有簡潔的衛浴景觀，若原有浴櫃就是系統組裝式，可以詢問廠商願不願意將鄰近馬桶一側的側板，拆換為有開口的樣式。

|1| 衛浴間浴缸和洗手檯配置連在一起，使用起來水到處會亂灑

狀況分析	
	1 洗手檯配置在浴缸頭躺的方向旁，泡澡時會有壓迫感
	2.浴缸、洗手檯、馬桶緊連在一起，使用上不方便

▲ 浴缸和洗手檯中間通常隔著一座馬桶,拉開距離,或是保留一段空隙,讓彼此不會有壓迫感。圖片提供 _ OVO 京典衛浴

神解!

雖然在浴缸的龍頭出水處及浴缸本身的落水口旁邊放置面盆,是較常見的配置方式,但如果面盆配置剛好落在浴缸頭躺的方向旁,會在泡澡時有壓迫感。若空間較小,面盆離浴缸很近,則更加不舒適,如果在衛浴空間翻修時,改變原有管線配置位置,則可以就此調整。

◀ 不要將浴缸、淋浴門、洗手檯、馬桶緊連一起,會讓使用動線更方便。圖片提供 _ OVO 京典衛浴

在規劃浴缸／淋浴門空間,寬度先預留約 90 公分,再規劃面盆、馬桶位置。而且規劃衛浴空間時,不可將浴缸、淋浴門、洗手檯、馬桶緊連在一起,使用上會不方便,不過依照每個空間狀況不同,要依據現場空間做調整。

NG

| 2 |

衛浴間格局好小，空間使用很窒礙

神解！

▲ 衛浴空間不大時，乾濕分離可以採用無框浴門。圖片提供 _ OVO 京典衛浴

乾濕分離的空間，可以採用無框淋浴門，減少邊框的局限並且搭配清透強化玻璃，能讓視覺上更有透視感；而將衛浴整個牆面做滿化妝鏡，也可以讓衛浴空間看起來有放大的效果，或是做成鏡面收納櫃，兼具收納功能。

神解！

大部分馬桶的長度為 70 公分左右，以狹長型的空間為例，如：衛浴門打開剛好對到馬桶，建議選用小空間專用馬桶，這類馬桶從牆壁至前緣的長度較短，約在 6 公分上下，可以讓走道空間更大；另外，將衛浴門由內推改為左右移動拉門式，衛浴內的空間和動線較不受限制。

▶ 選擇小空間適用的馬桶款式，將讓衛浴空間動線更流暢。圖片提供 _ OVO 京典衛浴

5
衛
浴

NG

| 3 |

衛浴間本身就小，
馬桶的位置也好擠

神解！

▶ 衛浴往往是居家中空間最小
且格局不一定方正的區域，因此
要依照現場狀況調整。圖片提供
_ OVO 京典衛浴

左右兩側空間預留
總寬 75cm

一般來說，以馬桶為中心點，左右兩側空間的預留空間總寬度 75 公分
是最舒適的距離，如果是小空間，建議至少也要預留到 65 公分以上，
使用馬桶時才不會覺得卡卡的有壓迫感。尤其是狹長型的衛浴，在選擇
馬桶時，更應注意馬桶的總長度，以免影響日常動線。

1 空間規劃尺寸不當且選錯馬桶尺寸
2 沒符合人體工學打造空間環境

馬桶的選擇要注意之外,洗手檯跟淋浴設備的配置,都要依照衛浴的格局跟空間做調整,不過即使空間再小,洗手檯跟馬桶之間還要是保持至少 20 公分的距離,不然一坐上馬桶可能馬上會感受到壓迫感。

神解!

5
衛浴

----- 洗手檯跟馬桶
間 20cm

◀ 衛浴配備保持適當的距離讓空間更感舒適。圖片提供 _ OVO 京典衛浴

NG

| 4 |

衛浴沒有乾濕分離，每次洗完澡衛浴就濕答答

神解！

▶ 淋浴門通常是客製化產品，可依照現場動線決定開門方式。圖片提供 _ OVO 京典衛浴

乾濕分離的淋浴門寬度 90 公分最為舒適，若現場為小空間，尺寸有限，也不要少於 80 公分。現場淋浴空間寬度若低於 80 公分，則建議改用浴簾布或用單片落地玻璃隔屏，否則易有壓迫感。乾濕分離的淋浴門，開門方式為了安全上考量建議用「外推門」，或做成左右移動式的「拉門」。

1 室內不通風，洗完澡後衛浴空間充滿水氣

2 洗澡水溢四處，無法保持乾燥環境

不論衛浴空間是否有做乾濕分離，都建議在衛浴內「乾的區域」，也就是非淋浴區域的正上方，加裝四合一衛浴乾燥機，於洗澡時開啟換氣功能，保持通風，於洗完澡，衛浴空間仍充滿蒸氣時，持續開啟換氣功能約 5 ～ 10 分鐘，可保持衛浴空間乾爽。

神解！

▶ 如果空間允許，基本上建議使用乾濕分離的衛浴，比較能保持衛浴的乾燥，使用上比較安全，不容易發生滑倒的問題。圖片提供 _ OVO 京典衛浴

1 衛浴間裝潢後容易漏水，尤其是在牆角間，相當不舒服

狀況分析

1 裝修衛浴間時防水工程沒做仔細

2 用防水塗料施作時的防水層高度不足

▲ 衛浴的水電不容忽視，更換管線以及做好防水處理，都能讓未來居住時更加安心穩妥。圖片提供＿朵卡空間設計

神解！

衛浴在裝潢初期，泥作師傅整修衛浴時的防水一定要做好，尤其如果是老公寓，水電管線大多已老舊，一定要替換才能避免後續發生漏水問題，而在更換管線以及泥作打底後，便是最重要的防水工程。

一般的防水工程會使用彈性水泥作為保護層，並依現場狀況，進行 2 到 3 道塗抹防水塗料施作來形成防水層。塗抹在立面的壁面高度，也至少要超過 180 公分，才能確保防水效果更全面。每一次防水層塗刷時都要一次性完成，不能分成局部修補塗抹，並且牆壁的四個邊角以及跟水流有關的相關區域，像是糞管和洩水坡度都要同步進行，然後等待 2 到 3 天讓它自然風乾。最後進行蓄水測試動作，確認有無滲水的狀況。

至少要超過 180 cm

◀ 防水塗料塗抹在立面的壁面高度，至少要超過 180 公分才算完整。圖片提供＿朵卡空間設計

NG 2

發現地面磁磚縫隙會發霉，每次要打掃要花好多時間

神解！

衛浴是每天淋浴的空間，承接大量的水量和濕氣，因此居家環境中，最容易產生發霉的地方往往都是衛浴或周邊區域。衛浴的地磚縫隙容易發霉，往往跟磁磚本身沒有太多關係，而是因為沒有保持通風排掉濕氣，所以如果衛浴有門窗，要盡量保持開啟。

▶ 保持乾燥，是衛浴空間不容易發霉的重要因素，開對外窗，有百葉扇的門板以及加裝排風扇都是促進通風對流的好方法。圖片提供 _ 朵卡空間設計

神解！

1 沒有保持通風讓衛浴排掉濕氣

2 住家空間不通風，無法製造對流

▲ 空間允許的話，裝暖風機可助空間乾燥同時有排風功能。圖片提供 _ 朵卡空間設計

衛浴沒有對外窗，可以選用下方有百葉扇的門板以及加裝排氣扇或衛浴換風機。如果有預算且空間允許的話，裝暖風機更好，除了有暖風功能幫助空間乾燥，排風功能也有助通風。

NG

3

發現磁磚間會凹凸不平，
縫填塗完後容易有髒汙感

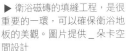

神解！

▶ 衛浴磁磚的填縫工程，是很重要的一環，可以確保衛浴地板的美觀。圖片提供 _ 朵卡空間設計

磁磚貼完之後的最後一步填縫很重要，一般來説，會等磁磚貼妥後一到兩天才填縫，這個動作是為了排出磁磚之間的濕氣。準備填縫的動作也不能馬虎，選擇的材料會決定未來磁磚的縫隙美觀度，如果選擇品質不好或淺色填縫劑，磁磚間的縫隙未來有可能顯得髒污。

1 沒有選擇適合的材料導致縫隙美觀度不佳
2 填縫後續的處理方式不當

填縫劑可供選擇的顏色很多，可以挑選合適的顏色。近幾年來也很流行使用無機水泥做填縫動作，因為這是市面上少有的可以產生負水壓的防水材質，可以防漏水。填縫後至少要等待兩天陰乾，也不能碰到水，確保乾燥。

神解！

5
衛浴

◀ 現今大多會用可防漏水的
無機水泥做填縫動作。圖片
提供 _ 朵卡空間設計

1 冬天有浴缸泡澡很舒服，但是邊角打掃起來好辛苦

邊角的凹槽和細縫也太多
是要我怎麼打掃呢...

狀況分析	
1	邊角凹槽和細縫難清理
2	不正確的浴缸容易漏水

浴缸內部材質差異，主要在保溫程度，價格越高保溫程度越好；面材上清潔上抗酸鹼、耐磨的釉面最好維護。浴缸樣式又可分為獨立浴缸及嵌入式浴缸。

1 獨立浴缸

需要較大的空間，清潔和防水都不容易產生問題。嵌入式浴缸又可分為無牆和前牆（浴盆加上一體成型的一個牆面）式，前者需要四面泥作牆面，後者的前牆強度較差，若腳座沒用水泥固定，浴缸較易變形造成漏水。

2 嵌入式浴缸

矽利康邊發霉是最讓人頭痛的清潔問題。除了保持乾燥、使用殺菌劑或乾脆重打，還有方式是定位時將矽利康打在浴缸下方內側，浴缸上方用磁磚填縫劑抹縫，就不需要擔心發霉，灰色較白色耐髒且咬合力強，但較不美觀，長期洗刷還是會掉落，時間久了還是得重填，但較矽利康耐久。

▲ 獨立式浴缸通常為壓克力或鑄鐵等較高價的材料，所需空間較大，但施工單純。圖片提供 _ HOUSESTYLE 好時代衛浴

▲ 一般家庭最常用內嵌式浴缸，但在施工上對於工班抓水平、施作防水的能力要求較高。圖片提供 _HOUSESTYLE 好時代衛浴

NG 2

發現選購的馬桶很難清掃，
又容易產生阻塞

神解！

1 馬桶選購第一個注意事項是要看管距

管距就是糞管中心點到後方牆壁的距離，不管是哪規的馬桶，管距不合都裝不上去。新成屋可直接測量，中古屋可依據原有馬桶的廠牌型號判斷其管距，台日規大多 30 ～ 40 公分，歐規 18 ～ 25 公分，在合適的管距尺寸範圍內選擇；如果排污管是在牆壁上的「壁排」，則必需選則壁排可用的馬桶。

2 馬桶的依據沖水方式可以分為洗落式及虹吸式兩類

洗落式耗水量少，管道粗短不易阻塞，但噪音大且表面易附著髒污；虹吸式耗水量較多，管道蜿蜒易堵塞，但防臭且表面較好維護。選擇原則為：屋齡較高或糞管埋在樓板裡，或是管道曾改位置者，選用洗落式；否則可選虹吸式。再根據預算及偏好選擇選擇噴射、渦捲、龍捲式等沖水種類。

3 外觀上死角越少，越容易清潔

一體成型的單體馬桶為虹吸式，水箱容量較小，維修也較不便。分離式馬桶也能選美背的款式，360 度美背是最理想的選擇。需注意有些馬桶側面看雖然有美背，靠牆的部分可能做內縮處理，不但容易容易藏污納垢，施工時此部分也施打不到矽利康，較有漏水的疑慮。

1 搞不清楚馬桶的種類和選購方式
2 外觀死角多，容易藏污納垢

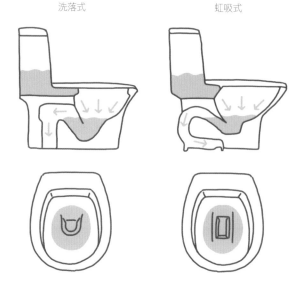

洗落式   虹吸式

▲ 設置上，馬桶區塊建議保留 70cm 以上的
使用空間。插畫 _ 黃雅方

▶ 單體美背式馬桶，360 度美背
是最理想的選擇。圖片提供 _ 金
時代衛浴

5
衛浴

NG

4

洗手檯一開水龍頭就會到處亂灑，而且檯面保養也不容易

神解！

▶ 洗手檯選深度較深的，比較不容易濺出水。圖片提供 _ OVO 京典衛浴

選擇一體成型的瓷盆或人造石一體成型臉盆，清潔保養最方便。洗手檯內裏的坡度和深度也會決定承接落水時，水滴濺起來的程度，建議挑選時，洗手檯挑選深度較深的，落水會比深度較淺的來得少。

狀況分析

1 洗手檯內裏的坡度和深度太淺
2 選錯了不合適的檯面材質

▲ 在檯面挑選的選擇上，人造石檯面款式多且保養方便，較經濟實惠。圖片提供 _ OVO 京典衛浴

神解！

大理石檯面通常要價較高，加上是天然材質容易有沁色現象，但質感較好。而市面上的人造石檯面，通常可接受客製化服務，按照現場空間大小訂做合適的規格，人造石可塑性較高，單價相較大理石更便宜，尺寸作法皆可訂製。另外在清潔保養時應注意避免使用菜瓜布，否則會造成刮痕，日常以海綿布或乾淨的抹布擦拭保持乾淨即可。

NG

| 1 |

衛浴溼氣重，雖然加了
兩台抽風機但天花板還是發霉

狀況 分析	1 不知如何檢查排風管的通風是否順暢
	2 天花板沒有選擇防潮板材或是管線漏水

抽風機區

天花板區

圖片提供 _ 金時代衛浴

神解！

原因可能為抽風機的排風管並未接到管道間排出，或是排風管與管道間有缺口，造成濕氣滯留於天花處。建議可照以下項目逐一檢測，找出問題所在。

1 先檢測排風管是否有確實接到管道間

有些不肖廠商在施工時未將抽風機的排風管接至公共的管道間，而是僅接到天花板內，濕氣未向外排出，滯留在天花板內，造成天花板發黴的情形。若發生未接至管道間的情形，建議盡快補接；或是選擇當層排放，直接在牆面洗洞，接上管線後排出室外。

2 確認排風管與管道間是否有缺口

若排風管有接至管道間，則檢測接縫處是否有缺口，導致濕氣外露。若有缺口則用矽利康或發泡劑等材料補滿。

3 檢查天花板是否有漏水

檢查天花板是否有裂縫，造成滲水情況。若有滲水，則要重做防水，另外也可檢測管線是否有破洞漏水之虞。

4 確認天花板材質是否具有防潮功能

通常衛浴的天花板建議使用 PVC 板材，PVC 的潮耐性較高，也有防火功能，不過施作起來較不美觀，有些人會改以實木天花或矽酸鈣板施作，但這兩種材質的防潮性不高，建議盡量不使用，若有需要則實木須做好防潮處理，矽酸板則需塗上防黴漆為佳。

PART 6

陽台 & 神明廳
書房 & 和室

NG

1

我家陽台磁磚很滑，
一遇雨噴濕地板就很危險

**狀況
分析**

1 磁磚遇到下雨噴濕後，行走就容易滑倒

2 現有的陽台地板磁磚破損老舊

神解！

▶ 鋪設耐水、防腐的可拆式南方松木地板，也便於平日的保養清潔。圖片提供＿馥閣設計

考量陽台容易有遇雨潮濕的狀況，所以在地板材質的選擇上，最好以具有防潮效果的地板材質，建議可選用耐水、防腐的南方松木棧板，鋪設時要注意下方平整度，以免木地板出現晃動情形，同時也可選擇能分為3～4片的可拆式木地板，便於屋主自行拿起來做清潔。另外，其他像是塑化木地板，或是用於高級郵輪常使用的稻穀塑木地板，也都是不錯的選擇。

若是仍想選用磁磚來鋪設陽台地坪，建議應挑選止滑係數高的磁磚較安全，一般常見的有 30X30 止滑磚，或是選用 30X30 或 30X60 止滑磚做拼花效果，為陽台增加設計感。

神解！

◀ 鋪上白色六角止滑花磚，不只有止滑效果，也為空間帶來明亮的設計感。圖片提供 _ 爾聲空間設計

NG 2

家裡陽台空間很長，實在用不到這麼大的空間，但外推又違法

神解！

▶ 將客廳公共區域內縮約 1 坪，讓原有已外推 50 公分的陽台，再多出 90 公分的寬度，鋪上南方松並輔以一半高度的欄杆，打造與室外連成一片的開放露台休憩空間。 圖片提供_iA Design 荃巨設計工程有限公司

長形的陽台空間本身已有很好的延伸效果，但若寬度不足，其實僅需調整室內空間坪數，就能重新賦予它更具有彈性的運用效益。像是內縮室內坪數，換取延伸室內外空間的效益，且搭配上透明玻璃或拉門等設計，保有室內外視野及空間暢通，而長形的陽台又能變身多功能休憩區，成為最佳賞景喝茶或放鬆閱讀的區塊。

神解！

◀ 利用南方松地坪、造景水生池、綠意植栽，輔以大面玻璃摺疊窗引景入室。 圖片提供 _ 品楨空間設計

想改善陽台太長且佔空間的問題，同時又能賦予居家綠意盎然的自然景觀，不妨利用簡單的室內造景，將陽台創建成植栽溫室小花園，在引景、借景，搭配生態池與植栽的規劃，讓陽台化身與戶外環境相呼應、與自然共存的空間。

NG

| 3 |

家裡有幾台自行車，收納在玄關和客廳都覺得很佔空間

神解！

前陽台雖然看來單調又無用，但如果能設計成半戶外的多功能空間，屋主可在這裡種花或閒坐，腳踏車也可停放於此。可以利用現成的單車收納桿放置在陽台空間一角，將車子立面懸掛，就比較不佔空間，依照一般樓高通常可放下 2～3 台。

1 選擇輕巧便利的掛壁直立式置車架

只要一個專用掛勾就能將自行車猶如衣服一般直立式地掛上牆，最為適合想有效利用陽台、轉角位置，保有了收納功能性，也不影響行進動線，爭取了陽台玄關敞度，又能形塑別具特色的端景。圖片提供＿工一設計有限公司

2 考慮直立型停車柱

若同時擁有多輛車時，能以直立型停車柱來大量掛放自行車，取、放方便且省空間，最多可同時擺放 4 輛車。圖片提供＿工一設計有限公司

1 陽台狹小且空間有限

影響了生活動線,讓陽台更顯狹小。

2 家中挪出停放自行車的專區,很佔空間

擔心影響大門出入問題,如果橫置於客廳又造成收納困擾。

6

陽台&神明廳&書房&和室

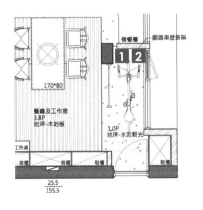

NG

4

聽說陽台外推是違法的，可是房子買的時候就已經外推了

神解！

過去中古屋或老屋改建時，為增加室內使用面積，屋主偏好將陽台外推擴大空間，但是陽台外推卻有影響居家結構的疑慮，進行陽台改造前，建議先確認結構與法規方面都沒問題，且會妨礙救火巷的通行，則可在申請通過之後進行改造。若已是外推式的格局，於窗戶與客廳間保留室內納氣的空間，避免堆積過多雜物，然後依照實際使用需求，規劃出具實用機能的玄關或是起居空間。

1

1 已外推陽台成了囤物空間

已外推陽台但因舊屋未被查報屬緩拆，但僅用來堆放雜物無法有效利用。

2 陽台開窗不大，室內顯得陰暗

原本就已將陽台外推，但是開窗不大，讓屋內略顯陰暗又缺乏玄關空間。

1 陽台內拓為玄關與遊戲室

半戶外式的陽台保留原來女兒牆上方的平推窗，往內延伸拓出大約 3 坪的陽台空間。賦予了玄關的過渡功能，還打造出小花圃，變身半戶外親子活動區。圖片提供 _ 馥閣設計

2 轉化陽台為兼具收納機能的玄關

調整格局後，將大門入口的窗戶拆除更新，加大窗戶引入充足日光，並規劃出具有收納機能的玄關，滿足屋主實際使用需求。圖片提供 _ 蟲點子創意設計

NG

| 5 |

陽台設計不後悔

買來的房子就有外推陽台，而且漏水嚴重

神解！

面對既有外推陽台的防水工程，就結構面來看，首先就是注意陽台外推所使用的鋁門窗與女兒牆之間接縫處外緣，於外牆處做出洩水坡度，用來使雨水快速排除。其次，陽台外推後的雨披接縫處，應該內縮到樓板的內緣，藉此用來防止雨水因為暴露在外的縫隙而滲入室內。

Before

1 強化結構面與厚鋁窗防水工法

依陽台牆壁、地板或外推牆 L 型交角或角落漏水處，施以重建 RC 結構面防水層，新鋁框架周遭確實灌漿、防水填補不留縫。圖片提供_六十八室內設計

2 確實塗布防水材

作實強化結構面防水程序，確實塗布防水材外，最好先在牆面與地面相鄰角隅貼附不織布覆蓋補強，再以彈性水泥防水材塗抹，使其防水並能抵抗拉扯，不易產生裂縫，最後再以泥作打底並貼附表面材。圖片提供_六十八室內設計

狀況分析

1 **早期防水工程沒做好，門窗、外牆常滲水**

陽台女兒牆架窗嵌縫不確實，或陽台為鏤空設計，導致陽台淤濕漏水。

2 **外推陽台交角未使用有效防水材**

過去防水材料較不發達，導致許多老房子並沒有太扎實的防水層，種下漏水因子。

☑ After

NG

1

搬進新家後萬事不順，朋友說是神明廳風水問題，且神明桌厚重不易移動

神解！

家宅裡神明廳的安置，會對居住者產生不少影響，若位置不對，就難以藏風聚氣。神明廳應安在最清淨、安靜的位置，不可設在動線上；再來，神桌背後一定要靠牆面，盡量避免正對大門口。建議神明廳最好以視野開闊為佳，搭配上良好的採光，代表「明堂寬闊」的好風水與視野，為家中帶來好運。

1 保留單面實牆，以玻璃拉門營造開闊面向

神明桌後方建議為實牆，有一安定面，另一面利用玻璃拉門保留朝外的視野，不會對神明造成壓迫感，自然好運跟著來。圖片提供_文儀室內裝修設計有限公司

2 「雙層可拉式」讓空間運用靈活又美觀

考量神明桌唸佛祭祀時需要擺放佛經或供品的空間，跳脫固定式桌子設計，利用可延伸的神明桌讓人依需要來填加桌子的面積，雙層可拉式設計，使用起來更靈活便利，又添現代感。圖片提供_文儀室內裝修設計有限公司

1 密閉隔間使神得明廳略顯昏暗
原空間為密閉隔間，導致採光不佳，空間顯得晦暗狹隘。

2 傳統神明桌過於厚重不便利
現成購買的神明桌多半為固定式的厚重實木桌，固定式桌子似乎又有些佔空間。

NG
| 2 |

家中有神明廳，可是跟原本家中設計美感搭不上

神解！

▶ 藍綠融合淺灰色調，並以現代感的線性切割，結合格柵元素，將祭祀用佛龕隱藏起來。
圖片提供 _ 品楨空間設計

因為宗教因素或祭祀祖先需求，不少人家中都需要設置佛龕，但是傳統的神明廳與佛龕設計，多半要額外規劃專屬區域擺放神明桌，常無法融入空間整體風格。裝潢時可以請設計師將佛龕一起做規劃，透過量身打造的佛龕設計，能讓佛龕變得優雅有設計感，像是利用色彩與隔柵虛化神明桌的突兀感，並結合櫃體的設計，平時格柵門可以關起來，當祭祀時再將拉門打開即可，兼具美觀與實用性。

狀況
分析

1 購買的現成佛龕樣式傳統生硬

2 傳統神明桌樣式難以融入空間風格

考量家中不能沒有祭祀的空間，但傳統的神明
桌樣式與色調，往往難以融入空間風格與整體
色調。其實，不一定要特別規劃神明桌擺放的
地方，而是善用空間，將神明桌與櫃體設計做
融合，或利用壁龕的方式，讓神明桌看起來就
像融入在壁面空間裡一樣，扭轉了既往神明桌
的傳統印象，同時讓整個家更具一致感。

神解！

◀ 神桌櫃體為溫潤原色木材
的開放櫃形式，無違和地融
合餐廳邊櫃之中，形式與色
調完美融入家中風格。圖片
提供 _ 爾聲空間設計

NG

1

書房的書都亂擺，但空間坪數小，
只有增加櫃子的方法嗎？

☑ 書房＆和室設計不後悔

**狀 況
分 析**

1 書房空間坪數小，收納空間不足
家裡有許多藏書，但可運用的空間少，放置櫃體更阻礙行
走動線。

2 自成一格的小書房少了互動性
希望和公共空間結合，讓家人、客人間有開放的閱讀領域。

188

神解！

在坪數有限下，沿牆面設置層板不僅能做出足夠的收納空間，無背板、門片的設計，讓櫃體看起來更輕盈，並且也讓書籍、物品成為妝點空間的一環。另外書房也並非一定要自成一區，可將其與公共空間結合，例如在客廳與餐廳間的開放牆面中設計書牆，打造高低書櫃格子量身收納，以簡約感取代繁複的設計，並且型塑開闊的空間感。

1 打造公共領域的書牆

在空間中，可使用雙面櫃作為區隔空間的元素，不僅能減少隔間牆的厚度兩面皆可用的設計，滿足不同空間的收納需求；或是打造公共領域的書牆，收納大量書籍收藏，而書架格層的高度、深度最好超過 30 公分，才能適用於較寬的外文書或教科書。圖片提供 _ ST design studio

2 沿牆面設置層板

牆面以訂製白色圓管構成書架，搭配可調整式鐵件與層板，搭配吊櫃，成屋主隨心所欲為收納、展示收藏的最佳端景。而統一的層板顏色及高度能維持視覺上的平衡，兼顧美觀與實用性。圖片提供 _ ST design studio

本來想和室還可以兼做收納空間，但發現雜物越堆越高快變倉庫

狀況 分析	1 閒置了一處和室空間，想重新利用
	2 和室收納空間不足，雜物無處收

神解！

▶ 以純白、木質、玻璃和清水模的灰調元素和材質，打造清爽、簡約的生活樣貌，全室並鋪上木地板，大幅提升生活的舒適感。圖片提供 _ 蟲點子創意設計

在架高約 40 公分高的木質地板與吧檯檯面下方妥善利用，作為日常的收納儲物用途。公領域上的設計則為簡潔線條和色調，並且掌握和室的基本元素，形塑了一體成形的木質桌面和臥榻，讓和室成為多功能使用的領域；且運用牆面的層板，讓在和室內也能擁有開放式的展示空間，充分擺放著書籍和大量的收藏品。

◀ 藉由流暢且順手的收納動線，讓坪數有限的和室也能有效的利用。圖片提供 _ 蟲點子創意設計

設計師拆除了入口處房間的隔牆，改以玻璃和拉門劃分領域性，並將部分吧檯的用餐位置移到和室裡，讓和室空間更加放大，另外吧檯部分設計為 120 公分高、深度 45 公分，滿足了收納的需求；另外和室內部增設了可以收折的小桌子，讓此區成為全家人閒暇時聚會、可以聊天的核心聚點。

PART 7

其　　　他

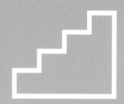

NG

|1|

樓梯下方規劃了收納櫃,但不好收納成了家中的畸零死角

7 其他

狀 況
分 析

1 樓梯下方晦暗,不易收放物品而閒置

2 儲藏室形式規劃不符合使用需求

神解！

▶ 梯間樑下牆面規劃封閉式門片櫃體，依不同尺寸放置居家用品或大型電器。圖片提供 _ 禾光設計

樓梯是連結上下層空間的連通道，但樓梯設計又常因下方空間採光不足且狹小難利用，而樓梯下方通常約有 80 ～ 90 公分寬左右的空間，視其空間大小、深度，運用封閉型門片或抽屜設計，配合梯身形狀，可規劃成大型儲物櫃或是抽拉櫃，分門別類地收整大型電器或物件，甚至利用每個踏階之間的高度落差，在中間加設抽屜式收納，用來放置簡單小物。

樓梯下的空間，除了可以規劃成大型儲藏空間使用外，利用層板的規劃，能成為展示型收納區，做出書櫃、酒櫃等設計，或是將梯間低矮斜角空間變化成書桌、衣櫃，亦或可規劃成簡易休憩小型隔間，也都是不錯的選擇。

神解！

▲ 梯間樑下的空間規劃，不一定要是密閉式櫃體，運用層架設計，又能變身成書本蒐藏品或酒的展示櫃。圖片提供 _ 蟲點子創意設計

NG

2

神解！

樓梯間採光不足，
擔心長輩走樓梯時會跌倒

▶ 在樓梯側面安裝台階燈，間接的柔和光源，兼具美觀又能導引樓梯動線。圖片提供_文儀室內裝修設計有限公司

梯間最常見的就是樓梯上方掛一個吸頂燈或吊頂燈，用來照顧所有的樓梯，但樓梯的動線安全是居家設計的重點之一，尤其夜間行走的照明安全更不能輕忽。因此除了仰賴天花板的主燈照明外，配合樓梯設計，也可於走道側牆、梯踏階的側立面或正立面安裝小嵌燈，同時達到燈光導引與照明的功用，既是整體空間的輔助光源，還兼具夜晚壁燈效果。而動線上的光源可選擇省電的 LED 燈，不用擔心耗電問題，24 小時都能點亮。

神解！

聯繫上下樓層的樓梯間，倘若不想在壁面設置嵌燈設計，不妨直接利用踏階本身做線狀導引燈光，隱藏於階梯踏板下的 LED 光源，見光而不見繁瑣的燈具，除了增加空間的裝飾性，更能提高上下樓梯時的安全性。

◀燈箱概念設計的樓梯，光線自階梯本身量體投射出來，光源集中腳步，不會過於刺眼。圖片提供_力口建築

NG 3

小坪數中的夾層樓梯設計不良，可以怎麼去改善

▲ 就實際踩踏的感受來說，最舒適的踏階高度落在 16 ～ 18.5 公分為宜。圖片提供 _ 禾光設計

神解！

依照法規，一般樓梯的尺寸，踏階的深度應在 24 公分以上，包含前後交錯區各 2 公分，而踏階高度最好在 17 公分上下，至於其傾斜角度最好落在 30 度為佳。通常整體樓梯寬最好維持約 110 ～ 140 公分，以容納 2 人錯身行走。

神解！

考量複合式夾層屋樓高約 3 米
6，樓梯斜度較難符合人體工學
舒適度，且礙於面寬有限，通常
會縮減樓梯寬度，以致踩踏面積
不足，走起來不甚安全。一般建
議儘管是小坪數空間的單人通行
樓梯，最好也能有 80 公分左右
的寬度，上下樓時走起來才會比
較舒服。

▲ 此一處小宅為節省空間，原本又陡又難走的
樓梯，為重新加寬樓梯寬度至 80 公分，並兼具
收納設計，走起來除了更舒適安全外，也多了實
用的機能性。圖片提供 _ 白金里居空間設計

7
其他

NG 1

老公寓加裝冷氣，結果工人將室外機吊得太高，竟擋到了窗戶！

神解！

維修籠

安全角架

▲ 室外機掛在外牆時，要安裝安全角架，以支撐機體重量。並安裝維修籠，方便日後維修人員維修。圖片提供_今硯室內設計

▲ 室外機若是放在前後陽台處，建議安裝在女兒牆上，使機體背面朝外，有效散熱。圖片提供_今硯室內設計

分離式空調的室外機建議裝設結構穩固的地方。若要裝設在懸空的外牆上須安裝安全角架，並額外安裝維修籠，預留維修空間，讓日後維修人員有足夠空間施作。若室外機放在陽台，建議不要把機器直接放在地上，最好設置掛架，放在女兒牆上緣，讓機器背側的風口不受阻擋。

狀況 分析

1 室外機擋到了窗戶，且沒有留出散熱空間
2 機體有管線外露的情況擔心日久損壞

而輸送冷媒用的銅管一般外面會包覆泡棉做保護及保溫，確保冷氣效能正常，冷媒管外面建議再用管槽修飾板，不只修飾美化管線，也可以防止泡棉因風吹日曬雨淋而風化。最後注意將室外機確實固定在安裝架上，以免有掉落的危險，也要注意機器一定要離牆面 15 ～ 20 公分的距離。

神解！

▲ 加上管槽修飾板，保護管線。圖片提供 _ 今硯室內設計

◀ 放置機器時，要注意機器背側和牆面的距離不能太近。圖片提供 _ 今硯室內設計

NG
|2|

水電工程不確實，發現家裡插座少，整個「缺很大」

神解！

若要在現有的空間中增設插座時，要考量到插座的放置高度和位置。如果牆的另一面有插座，可鑽牆配置，如無則只好走明管，雖然不美觀但是是最省錢的作法。若是要將明管藏起來，就必須打牆埋線，耗時費力。再將新增的電流接進電箱，並在配電箱內清楚標示迴路名稱，以便後續維修，而與電箱接電後，利用電表測試，確認是否通電。

X　　　**O**

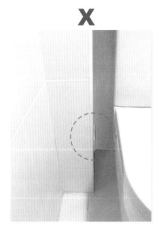

◀ 廚衛等用水區域新增插座時，建議拉高高度避免清洗時潑濺到，造成電線走火或插座內部生鏽。圖片提供 _ 今硯室內設計

1 實際居住後發現插座不敷使用

2 開關、插座位置使用很不順手

神解！

合理的插座數量，才能確保安全環境。一般室內空間則以「對角線配置」為最大原則：在固定空間中前、後、左、右固定配一組，總共 8 個插座，再依特殊需求做增加。

空間	設置位置	數量／組（每組2插孔）	備註
玄關	玄關平台	1～2	玄關櫃內、客廳展示櫃若有照明或除濕棒等需求則需增加，沙發左右考量壁燈、季節性電扇暖氣等需求增減。
客廳	電視櫃	3～4	
	沙發背靠	2	
餐廳	餐櫃	1～2	
	餐廳主櫃	1	
	中島爐台	1～2	
	餐桌下方	1～2	
	出菜台邊	1	
廚房	電器櫃	1～2	電器櫃需設置獨立迴路預防電不足。
	冰箱	1～2	
	流理檯	1～2	
	排油煙機	1～2	
主客臥／兒童房	床頭	1～2	書桌依電腦、影音設備需求增減，若有獨立書櫃則需增加。
	衣櫃下方	1～2	
	化妝檯	1～2	
	書桌	1～2	
衛浴	洗手檯	1～2	
	馬桶	1～2	

INDEX

朵卡室內設計	TEL：0919-124-736 WEB：http://pochouchiu.blogspot.com/
亞維設計	TEL： 03-3605926 ADD：桃園市桃園區德華街 173 號
京典衛浴	TEL： 02-8285-3777 ADD：新北市蘆洲區集賢路 217-1 號
明代室內設計	TEL：02-2578-8730 ADD：台北市松山區光復南路 32 巷 21 號 1 樓
欣琦翊設計	TEL：02-2708-8087 ADD：台北市大安區四維路 208 巷 16 號 4 樓
采金房室內裝修設計	TEL：02-2536-2256 ADD：台北市中山區民生東路 2 段 26 號 1 樓
金時代衛浴	TEL： 02-2719-8068 ADD：台北市松山區長春路 498 號
品楨空間設計	TEL：02-2702-5467 ADD：台北市大安區瑞安街 23 巷 15 號號 2 樓
構設計	TEL：02-8913-7522 ADD：新北市新店區中央路 179-1 號 1F
爾聲空間設計	TEL：02-2518-1058 ADD：台北市中山區長安東路 2 段 77 號 2 樓
德本迪室內設計	TEL：04-2310-1723 ADD：台中市北區英才路 396 號 5F-2
摩登雅舍室內設計	TEL：02-2234-7886 ADD：台北市文山區忠順街二段 85 巷 29 號
樂沐制作	TEL： 02-27328665 ADD：台北市大安區臥龍街 145-1 號 1 樓
錡羽創意空間設計	TEL：0988-596-451 ADD：桃園市八德區豐田路 43 號 7 樓
蟲點子創意設計	TEL：0975-782-669 ADD：台北市文山區汀州路四段 130 號
馥閣設計	TEL： 02-2325-5019 ADD：台北市大安區仁愛路三段 263 號 7 樓

SOLUTION 108

NG裝潢神救援：

千金難買早知道的100道神解題，貼心又舒服、機能性十足的居家全方位寶典

作　　者｜漂亮家居編輯部
責任編輯｜李與真
文字編輯｜蔡婷如、李寶怡、李與真、劉真妤、
　　　　　施文珍、高毓霙
插　　畫｜黃雅方、吳季儒、黃小倫
攝　　影｜Amily、Yvonne
封面設計｜王彥蘋
美術設計｜鄭若誼、白淑貞、王彥蘋
行銷企劃｜呂睿穎

發行人｜何飛鵬
總經理｜李淑霞
社　長｜林孟葦
總編輯｜張麗寶
副總編輯｜楊宜倩
叢書主編｜許嘉芬

出　　版｜城邦文化事業股份有限公司麥浩斯出版
地　　址｜104 台北市中山區民生東路二段141 號8 樓
電　　話｜（02）2500-7578
傳　　真｜（02）2500-1916
E - m a i l｜cs@myhomelife.com.tw
發　　行｜英屬蓋曼群島商家庭傳媒股份有限公司城邦分公司
地　　址｜104 台北市民生東路二段141 號2 樓
讀者服務專線｜（02）2500-7397；0800-020-299（週一至週五AM09:30 ～ 12:00；PM01:30 ～ PM05:00）
讀者服務傳真｜（02）2578-9337
E - m a i l｜service@cite.com.tw
訂購專線｜0800-020-299（週一至週五上午09:30 ～ 12:00；下午13:30 ～ 17:00）
劃撥帳號｜1983-3516
劃撥戶名｜英屬蓋曼群島商家庭傳媒股份有限公司城邦分公司

香港發行｜城邦（香港）出版集團有限公司
地　　址｜香港灣仔駱克道193 號東超商業中心1 樓
電　　話｜852-2508-6231
傳　　真｜852-2578-9337
電子信箱｜hkcite@biznetvigator.com

馬新發行｜城邦(馬新) 出版集團Cite (M) Sdn Bhd
地　　址｜41, Jalan Radin Anum, Bandar Baru Sri Petaling,
　　　　　57000 Kuala Lumpur, Malaysia
電　　話｜（603）9057-8822
傳　　真｜（603）9057-6622
製版印刷｜凱林彩印股份有限公司
版　　次｜2018年7 月初版一刷
定　　價｜新台幣399元
Printed in Taiwan 著作權所有• 翻印必究（缺頁或破損請寄回更換）

國家圖書館出版品預行編目 (CIP) 資料

NG 裝潢神救援：千金難買早知道的 100
道神解題，貼心又舒服、機能性十足的
居家全方位寶典 / 漂亮家居編輯部著 . –
初版 . – 臺北市：麥浩斯出版：家庭傳媒
城邦分公司發行，2018.07
　面； 公分 . –(Solution ; 108)
ISBN 978-986-408-392-3(平裝)
1. 家庭佈置 2. 空間設計 3. 室內設計

441.52　　　　　　　　　　107009085